国家自然科学基金项目(编号:42007385;42130611)资助
辽宁省自然科学基金面上项目(编号:2023-MS-316)资助

基于计算流体力学模型的环境生物流动模拟研究

张 婷 著

中国矿业大学出版社
·徐州·

内容简介

本书以环境流动为出发点，开展了包括膜生物反应器以及旋流反应器的气体、固体、液体多相介质流动模拟研究。同时，尝试从环境流动与生物互作用的流体动力学角度，通过数学建模方法展示基于生物流体可视化技术的计算流体力学模型模拟研究的最新学术成果。并且，本书基于对辽河流域饮用水源地藻类的年度监测，结合生物图像分类学筛选水体优势微藻，进行微藻生长和流动特征的时空模拟，建立的数学模型能够预报区域微藻细胞增殖，促进人们对水文循环城市环境与健康效应的了解。

本书可作为高等院校环境科学、环境工程、生命科学等相关专业的参考用书，也可供高校教师及相关科研技术人员参考。

图书在版编目(CIP)数据

基于计算流体力学模型的环境生物流动模拟研究/张婷著. —徐州：中国矿业大学出版社，2025. 2.
ISBN 978-7-5646-6632-3

Ⅰ. X17

中国国家版本馆 CIP 数据核字第 2025VA5903 号

书　　名　基于计算流体力学模型的环境生物流动模拟研究
著　　者　张　婷
责任编辑　周　红
出版发行　中国矿业大学出版社有限责任公司
（江苏省徐州市解放南路　邮编 221008）
营销热线　(0516)83885370　83884103
出版服务　(0516)83995789　83884920
网　　址　http://www.cumtp.com　**E-mail**:cumtpvip@cumtp.com
印　　刷　苏州市古得堡数码印刷有限公司
开　　本　787 mm×1092 mm　1/16　**印张** 10.25　**字数** 150 千字
版次印次　2025 年 2 月第 1 版　2025 年 2 月第 1 次印刷
定　　价　56.00 元

前　言

生物流体(biological flow)是自然界中普遍存在的现象,涉及细菌、真菌、微藻等微生物在不同环境条件下的运动与相互作用。这些微观流动行为不仅深刻影响着生态系统的物质循环与能量传递,还在环境工程、生物医学、农业科学等领域中扮演着关键角色。例如,微生物在土壤中的迁移直接影响污染物的降解效率,水体中微藻的流动行为与藻华暴发密切相关,而空气中病原体的传播更是与流体动力学特性密不可分。然而,由于生物流体具有多尺度、多相态和非线性的复杂特征,传统研究方法往往难以全面揭示其内在机制。近年来,随着计算流体力学(CFD)模拟技术、非接触式粒子图像测速(PIV)实验以及高精度模型校验方法的快速发展,环境流体(environmental flow,E-Flow)问题的研究取得了显著进展。

本书以此为背景,以环境流体问题为研究对象,结合计算流体力学(CFD)模拟技术、非接触式 PIV 实验与模型校验方法介绍了环境中的生物流体建模和流动可视化实验的最新方法,呈现了基于 CFD 的环境生物流体相关的最新学术研究成果。全书共分为 7 章,第 1 章为绪论;第 2～4 章主要介绍了环境反应器设计与优化、环境流动可视化技术、环境流动模型模拟和实验结果;第 5 章主要介绍了基于环境生物流动的模拟研究;第 6 章主要列举了相关微型生物图等;第 7 章为结论与展望。

感谢广东工业大学环境健康与污染控制研究院安太成教授、李桂英教授及团队、中国科学院广州地球化学研究所毕新慧教授、天津大学化工学院刘春江教授在本书撰写过程中提出了宝贵的意见。感谢天津大学机械工程学院、流体力学重点实验室姜楠教授在实验流体力学方面提供的支持。感谢辽宁工程技术大学韩亮副教授、海南大学冯爱国副教授和辽宁省阜新水文局陈潇潇工程师等在本书研究内容上提供的支持和帮助。硕士研究生张丁强、何林和赵明明参与了本书图文部分的工作。

本书获得了国家自然科学基金重点项目(42130611)、国家自然科学基金青年基金项目(42007385)、辽宁省自然科学基金面上项目(2023-MS-316)等的资助,在此特别致谢!

鉴于著者水平与时间有限,书中难免存在错误与疏漏之处,敬请读者批评指正!

著　者

2024年12月

目　录

第1章 绪 论

1.1 研究背景

随着城市化和工业化的飞速发展,全球人类不断面临新的环境生态问题的挑战[1]。例如,城镇地表水环境污染问题日益突出;大量的工业废气排放到自然环境中,对生态系统造成了严重破坏;全球变暖、极端气候等问题的出现进一步加剧了环境质量的恶化。这些环境问题直接关系着居民生活质量、健康,其对水圈、大气圈、生物圈等造成的破坏或影响,阻碍了经济社会可持续发展[2-3]。

在这一背景下,环境流体(environmental flow,E-flow)这一较新概念的出现,开始引起人们的关注[4]。事实上,环境流体在环境领域中无处不在,它具有流动特征,包括大气、水、微生物等环境因素[5]。这些环境流体的运动与热量、动量和物质的传递密切相关,成为环境领域的核心要素。而对这些环境流体的研究,不可避免地要涉及流体流动的研究。

流体流动的研究主要包括对流体的运动规律、流体流动过程的基本原理等方面的研究。与环境流体相关的流动主要包括:大气降水模式下空气污染物的流动,环境反应器中流体的流动等。对于环境反应器内流体的流动通常采用理论计算、实验测量及数值模拟等方法进行研究。例如，在环境污染物处理过程中，往往按照生产工艺的要求把环境污染物依次输送到各种设备内，进行化学反应或物理反应。工艺过程进行的好坏，动力的消耗及设备的投资，与流体的流动状态密切相关。然而，环境过程中的流体流动问题非常复杂，在开展直接研究和实际操作时往往面临诸多困难。

环境模拟(environmental simulation)为解决环境流体流动复杂问题提供了一种可选的研究方案，允许科学家和研究人员通过假设、运行模拟实验来预测未来情景。流动模拟是其中一种重要的科学研究方法，具有无接触性、准确度高等优势。美国环保部门(Environmental Pollution Agency, EPA)指出，通过建立系统化的环境流体模型，有助于更好地向决策者通报环境流动变化的预期影响。

本书以环境流动为出发点，开展了包括膜生物反应器、旋流反应器的气体、固体、液体多相介质流动模拟研究。同时，尝试从环境流动与生物互作用的流体动力学角度，通过数学建模方法展示基于生物流体可视化技术的计算流体力学模型模拟研究的最新学术成果。并且，本书基于对辽河流域饮用水源地藻类的年度监测，结合生物图像分类学筛选水体优势微藻，进行微藻生长生产和流动特征的时空模拟，建立的数学模型能够预报区域微藻细胞增殖，促进人们对水文循环城市环境与健康效应的了解。

1.2 环境流动研究进展

环境流体(E-flow)概念于 20 世纪 40 年代提出，旨在减少河流环境的脆弱性和风险，确保河内和河岸生态系统的可持续性。20 世纪 70 年代 E-flow 的概念逐渐从“最低要求流量”迅速发展到“河流流量”，并演变为“生态流量”和“环境流量”，目前仍在不断发展[6]。根据 2007 年第一份《布里斯班宣言》，E-flow 概念的主要目标是确保充足的水量、适当的水质、最佳的频率和适当时间内的河流水流相关生态系统的可持续性。E-flow 的核心问题包括水文循环以及气候变化可能产生的影响[7]与“如何在保护河流环境与经济飞速发展之间保持平衡”这一关键问题的答案有关。修订后的《布里斯班宣言》和《全球行动议程》主张研究河流与人类的关系，考虑从社会和文化视角来构建人类与河流共存的可持续方式，并将这些问题纳入 E-flow 评估方法。最近，E-flow 已被纳入了 2030 年可持续发展议程的水资源压力指数框架。

在过去的几十年里，E-flow 的研究取得了显著的成就。随着遥感、GIS 等先进技术的飞速发展，科学家们如今能够更精确、更全面地观测和记录环境流动的过程，包括大气流动、水体流动等各种环境流动现象。这些技术为科学家们提供了海量的数据，使得他们能够更深入地探究环境生物流动的规律和机制。

为了更好地解读和预测环境生物流动的行为，数学模型的应用成为重要的研究方向。科学家们精心构建数学模型，这些模型不仅可以模拟环境流动的现实行为，更能预测其未来趋势。通过多学科交叉知识体系的模型运用，人们能够更准确地揭示环境流动过程中的复杂关系，进一步增强对环境流动的理解和掌控。

1.3　计算流体力学建模研究进展

越来越多的科学事实证明，将不同学科的知识和方法有机地结合起来，使跨学科研究进行更高层次的协调与合作，是非常有效的。环境流动问题研究是新兴的研究领域，尚处于不成熟待完善的探索阶段。通过调动多学科知识与平台力量,有利于环境学科内外部协调,使得复杂环境问题研究具有更强的实用性,能够为环境流体问题的科学认识和全面解释提供帮助。

将传统流体力学研究与计算机模拟相结合,为解决复杂流动问题开辟了新的途径。这种结合不仅充分发挥了传统流体力学理论基础的作用,还通过计算机模拟提供了强大的数值模拟功能和计算能力。计算流体力学(CFD)建模的研究在这一领域起到了重要的推动作用。

随着计算机技术的不断进步,CFD 建模和仿真在过去的几十年里取得了显著的突破和进步。更高阶、更精确的算法不断被开发出来,使得人们能够更准确地模拟和预测复杂流动现象。这些新算法在处理流体湍流、界面捕捉以及其他复杂流动现象时展现出更高的准确性和计算效率,为解决实际工程问题提供了可靠的工具。

在实际应用中,流动现象往往不是单独存在的,而是与其他自然科学现象相互作用、相互影响。例如,流动可能与热传导、化学反应等过程耦合在一起。为了更好地描述和模拟这些复杂系统,多物理场耦合建模成为 CFD 研究的重要方向。通过综合考虑不同物理现象之间的相互作用,人们能够更加全面地理解复杂系统的行为,并准确预测其性能。

近年来,一些先进的 CFD 软件工具进一步推动了多物理场耦合建模的发展。这些工具具备多场耦合建模的功能,能够同时模拟流动、热传导、化学反应等多个物理过程。ANSYS Fluent、COMSOL Multiphysics 等的多物理场的综合建模能力为复杂系统的设计与优化提供了强大有力的支持,帮助工程师们更好地理解和应对实际工程中的挑战[8-9]。

计算流体力学是流体力学重要的分支,计算流体力学建模为解决自然环境复杂生物流动问题提供了很多帮助。一方面,计算流体力学建模的不断进展提供了更精确、更稳定的模拟结果,多场耦合建模的发展为综合模拟复杂系统开辟了新的道路。另一方面，尽管计算流体力学在环境流体中有很多的应用，但要提高其准确性和处理更复杂情况的能力仍面临着很多的挑战，这主要体现在以下两个方面。

(1) 复杂地形区域网格离散化。在计算流体力学中，计算流体流动的任何数值程序都需要考虑到区域的离散化。涉及复杂地形的建筑群或城市区域结构设计网格构建，却并不是一件容易的事。特别是当使用结构化网格时，工业应用中的网格设计经常遇到重要细节的复杂几何形状网格划分问题，往往会使计算变得非常复杂。

(2) 自然环境流动的湍流建模。正如前文所述，环境流动具有复杂的湍流动力学特征。湍流的一个特点是流动很难保持平衡或接近平衡。湍流建模决定了湍流 CFD 解决方案的精准度，尤其是在涉及建筑物、构筑物和反应器内的流动时。例如，生物反应器构件及附近的流体一直在不停地变化，生物反应体系的流变学特性、传递特性及其影响因素等是研究的热点。正是由于流动的这种非平衡及时空变化特点，使得环境流体，特别是环境生物流体的湍流建模变得非常困难。

1.4　面向环境流体的反应器研究概况

环境流体流动具有四大主要特征：复杂的几何形状和湍流尺度；涉及不同的时空尺度；介质十分复杂；多过程耦合。环境流体力学作为自然环境流动研究的一门交叉学科，其研究内容可概括为以下三个方面：

(1) 自然流动、输运及伴随的物理、化学、生物过程，包括多相介质、多组分相互作用，化学反应、生物流动、光合、生态演替等过程；

(2) 重大环境和灾害问题的发生及演化机理，如酸雨、雾霾等；

(3) 人类活动的地球环境影响,如粉尘弥漫与输送、土地利用、资源开采与利用以及重大工程对城市环境的影响等。

在研究环境流体特性的过程中,环境流体与环境反应器之间的关联尤其密切。反应器是环境流动特性研究的核心装备,起着举足轻重的作用。流体多相流动与混合现象,对反应器的性能和效率发挥着决定性的影响。同时,不同类型的反应器也会对多相流的流动行为产生独特的作用。

环境反应器作为一种专门设计的装置,常用于模拟不同环境条件下的流动现象,以及涉及的主要化学反应。环境反应器研究的主要目的是帮助科学家们更好地理解环境流动过程中的化学行为,预测和控制环境污染、提高环境质量。环境反应器能够通过模拟环境流体流动条件,如水流、气流等,创建一个类似于实际环境的反应环境。在这个环境中,可以添加不同的化学物质,并观察它们在流动过程中的反应和变化。通过精确的控制和监测,可以得到关于化学反应动力学、传输过程等方面的重要信息。环境反应器在多个领域都有广泛应用,包括环境保护、化学工程、水处理等。它可以用于研究污染物在环境中的行为、评估化学反应的效率和控制策略,以及开发新的环境保护技术等。相比于传统的静态实验方法,环境反应器能够更真实地模拟实际环境条件下的生物流体流动和反应过程,能够提供更高的时间和空间分辨率,以及更准确的生物反应动力学数据。

因此,在深入探究环境生物流动的过程中,环境反应器是不可忽视的一环。一旦充分理解和把握环境反应器与各相流动行为之间的相互作用,能更好地揭示环境生物流动的内在规律,为生态保护和环境可持续发展提供科技支持。

1.5 本书研究目的和意义

开展更准确的模拟以预测自然环境中生物流体的行为，揭示物质能量、质量、热量传递机理与规律，设计和优化与流体相关的工程结构，具有重要的意义。本书建立的环境生物流动的模型，作为一种新颖的数学物理建模手段，是一种具有科学意义及应用前景的新尝试；有助于帮助人们更深入地理解自然环境中的流体行为，为解决实际的复杂环境问题提供新思路与新方法。

在未来，我们期待看到更多的环境生物流体建模与应用领域的研究成果涌现，推动环境地球化学相关的研究不断向前发展。作为一种新颖的数学、物理、生物、化学等多学科交叉的环境流体建模手段，基于 CFD 的环境生物流动模型研究已经显示出不可忽视的科学意义，有助于更好地预测和解决环境问题。

第2章 环境反应器设计与优化

2.1 反应器设计研究进展

在自然界和工程中，生物、物理和化学过程常发生在反应器内，受反应器内不同条件(如反应器温度、压力、组分数和浓度等)影响。

反应器是一种实现反应过程的设备，由物理结构上限制的实或虚边界定义，常涉及气液、气固等多相流动。根据处理体系不同，通用反应器可分为生物反应器、化学反应器等。对反应器进行建模，有助于确定反应所需的各类变量以及描述这些变量之间的关系。而且，学者们指出，优化反应器流量分布可以减轻过程中的能量损失。

管式反应器是一种常用的工业设备，是一种在其内部进行化学反应的容器，在水处理和生物培养设备中应用居多。例如，管式光生物反应器(T-PBR)内置低流阻螺旋转子，可增强管内旋流流动，提升气液两相间的传质效率。

膜生物反应器也是一种重要的反应器。例如生物膜 MBR 反应器，伴随细小悬浮物流动，反应器中膜丝被捆缚，活性污泥混合液无法进入膜束，膜过滤通量下降。通过设计 1～0.5 mm 过滤间距的膜格栅，采用高压高流速水流清渣，有效去除细小悬浮物，抑制膜过滤通量下降速率。

反应器结构设计与流动紧密相关。杨毅等应用随机序列加法，通过对柱式膜组件壳侧的设计以优化壳侧流体高雷诺数（*Re*）流动，强化壳侧传质，消除了过滤停滞区[10]。廖崇吉等研究发现表面凹坑的圆柱比光滑表面圆柱阻力系数降低 16.8%，可降低反应器阻力[11]。此外，为了降低生物反应器壳侧的自由流体流动阻力，可控制壳侧旋涡脱落。吴剑等采用数字粒子图像测速（PIV）法得到了水平圆柱绕流旋涡产生、发展和消亡的动态过程，对圆柱尾迹的旋涡脱落特性进行了研究[12]。为了降低膜污染速率，有学者在膜组件内添加湍流促进器，减少边界层阻力；也有学者引入超声波技术提高膜的渗透通量；或者采用 U 形膜组件在流场内构造“迪恩涡（Dean Vortex）”强化流体混合，减少局域颗粒物高浓度累积导致的膜污染[13-15]。

反应器经过结构设计及操作条件优化，可以提高相间接触面积，增加传质速率，提高反应速率。例如，生物膜 MBR 通过优化气体扩散器物理结构，维持固定和悬浮生物质的平衡，调整填料比例，实现 MBR 效率高运行。

有学者首次借助反应器模型，研究了浮游植物在部分混合的水柱中竞争磷的生物现象。结果表明，具有较高储存能力的物种在与养分吸收和物种生长率具有优势的物种竞争过程中，可呈现竞争排斥或共存现象。也有学者在对流环境下，建立了具有内部存储的两种微生物种群资源依赖的生长竞争模型。研究用引入的非线性主特征值取代了经典方法中的线性主特征值，并结合单调动力系统理论、一致持续理论等研究生物系统的动力学行为。利用计算流体力学相关的数值模拟技术对反应器内复杂的湍流流动进行数值模拟，能深入了解流体在反应器内的流动现象规律，这成为反应器结构设计与优化的主要手段。

越来越多的学者认为，优异的反应器多相流体的流动研究能够提供高效、稳定的过滤效果，确保反应器内的微生物活性、多样性以及化学组分浓度等，有助于提高环境反应器的处理效率和各反应组分的利用效率。

2.2 环境反应器的分类

环境反应器的种类很多，按结构形式可分为管式反应器、釜式反应器、组合式反应器等；按相态可分为液液反应器、液固反应器、气固反应器等；此外还可以分为光生物反应器、化学反应器、膜生物反应器等多种类型。依据反应器多相组分的流体力学特性，如马兰格尼效应、旋转流、迪恩涡流，能够实现环境反应器高效运行。不同类型的反应器各有优缺点，选择合适的反应器需要根据具体的化学反应需求、生产条件来决定。

2.2.1 膜生物反应器

膜生物反应器是工程中广泛应用的反应装置，是一种由膜分离单元与生物处理单元相结合的新型水处理装置。膜生物反应装置主要利用生化技术降解去除污水中的污染物。膜生物反应装置可分离污水中悬浮物，将生化反应池中的活性污泥和大分子有机物质有效截留，使出水满足市政排水工程等的水质标准要求。

根据膜生物反应器的结构形式，可分为平板膜、螺旋卷绕膜、管式膜及中空纤维膜反应器；根据膜传质特征，可分为压差推动膜反应器和浓差推动膜反应器。膜生物反应器将生化工艺和膜过滤工艺相结合，成为一种环境物质分离净化的反应设备。

中空纤维膜反应器是一类压力驱动的分离与净化的膜生物反应器，具有阵列紧凑、工艺过程较短等特点。但中空纤维膜反应器存在如膜污染不可逆、能源利用效率较低等缺点。

长期以来，膜生物反应器内的流动不均匀和压降问题是制约其分离性能的主要问题，因此，膜生物反应器的结构与设计和理论研究得到了广泛的关注。适宜的膜生物反应器设计能够在以下几方面强化膜过程：① 提高传质速率；② 控制和降低膜污染；③ 减小流动阻力；④ 使组件各个部分的流动更均匀、反应器性能更稳定[16]。

虽然膜生物反应器已广泛应用于实际工程中，但是反应器构型的选择对膜生物反应器工艺流程的影响很大。目前，我国已有膜科学技术研究机构数百家，膜工程公司近千家，膜生物反应器的研究与应用方面取得了较快的进展。

2.2.2　光生物反应器

光生物反应器是涉及生物流体的装置，常用于微藻光合自养生长。通常认为的光生物反应器，是指为微藻的光合自养生长提供适宜的光照、CO_2、温度、pH、营养物质等条件的装置。

微藻在陆地、淡水湖泊、海洋中广泛分布，因其富含类胡萝卜素、脂肪酸、叶绿素等生物活性组分，成为能源、食品、农业、纺织和染料等多个行业的重要原料。例如，从微藻提取的类胡萝卜素具有预防癌症、抗氧化的作用，尤其受到关注。微藻的商业化生产受限于光合培养的缓慢生长周期、生物量的低生产效率，以及对微藻生长的反应器研究不足[16-17]。

微藻光生物反应器是实现微藻高密度、高效培养的关键设备。目前，根据培养过程中微藻细胞的运动状态可将现有的微藻光生物反应器分为三大类，即生物膜式微藻光生物反应器、悬浮式微藻光生物反应器以及悬浮-生物膜耦合式微藻光生物反应器。

目前,反应器中的流动条件是否对微藻的生长有影响,还存在争议。吴晓辉等发现随着水体湍流程度的增加,藻类生长和结构变化受到抑制,抑制作用与水流流态无明显相关关系。杨宗波、岑可法等指出水体扰动会显著改变藻培光合装置内的漩涡流动,使藻液混合时间减少,微藻生物质产量提高 32.6%[18]。

开展光生物反应器(photobioreactors, PBRs)流体流动模型研究,掌握藻液流场特征和水动力学机理,有助于藻培技术的发展。Hadiyanto 等采用计算流体力学方法研究了藻池流场特征,发现不均匀流速对藻生长不利,长宽比大于 10 的藻池流速更均匀,低剪切力有利于藻生长[19]。Detrell 采用实验概念模型研究水力学扰动对太湖铜绿微囊藻(*M. aeruginosa*)生长的影响,发现低于 300 r/min 旋转速度的温和扰动条件有利于藻群生长[20]。

尽管,流场流态及特征参数,如流速、涡量、湍流动能能够造成微藻细胞损伤,但光生物反应器流动条件对微藻生长特性的机理研究鲜少被关注,仍然存在大量值得研究的未知。

2.2.3 旋流管式反应器

旋流管式反应器是工程中最常见的反应器,也是最受欢迎的反应器种类之一,具有加工方便、经济易行等优势。

旋流管式反应器也可分为横管式、垂直管式、套管式、螺旋管式反应器等。横管式反应器具有比垂直管式反应器更大的受光表面积,且无需考虑结构完整性与可支撑性。垂直管式反应器常需要采用细直径管支撑上方藻液的重量,而横管式反应器则没有此要求。

与垂直管式反应器相比,横管式反应器光照入射角度更好,能够更有效地捕集光能,提高微藻光能转化效率。但是,水平管内易产生大量热量,有时需要采用昂贵的温度控制系统进行温控调节，但这种温控策略难以规模化。

管式反应器设计中常添加一个热交换装置，有助于保持生物生长的最佳温度。改进的横管式反应器，是以一定角度倾斜排列的。细管与水平面的角度一般保持在6°～12°。这类反应器由一系列细管组成，细管的底部与曝气装置连接，且顶部与脱气装置相连。为了改善管式反应器中光照方向的混合效果，达到大规模多相流体分离的目的，如油水分离，研究人员设计了套管式反应器。

研究证实，水平管的倾斜可以相应增加气泡运动速度、气含率以及气液传质系数。科研人员研究了套管式反应器内的气液传质特性，发现随着套管长度的增加，压降变化不大，环隙尺寸是影响气液两相接触状态的重要参数，套管环隙尺寸越小，压降越大，二氧化碳脱除率越高[21]。

螺旋管式反应器是在横管式反应器与垂直管式反应器基础上改进的混合管式反应器。该反应器适用于室内微藻培养，占地面积较小，在螺旋管中央设置光源能够大幅提高微藻光合效率与微藻生物质产量。它主要由四个以上的主要组件组成：用于微藻受光生长的光捕集管元件，用于微藻收获的采收组件，用于气液交换的鼓泡塔组件以及循环离心泵组件。

2.3 反应器模型

反应器模型对于反应过程分析至关重要。反应器模型涉及进出反应器物质，以及影响进出反应器物质之间关系的其他参数。下文对建立反应器模型所需的变量以及构成反应器模型的方程进行了介绍。

2.3.1 物理模型

在工程中，反应器模型需要对反应器内部的物理现象进行描述，如流体的运动、传热和传质等。物理模型种类繁多，可分为管式、釜式、固定床和流化床等反应器模型，广泛应用于化学反应、流体动力学、传热学等多个领域。

物理模型与概念模型通常不同，它可以模拟物理对象较小或更大的复制品，能涵盖众多不同类型的反应器模型，且每个类型都有其独特的研究状态和方法。李明春等采用空隙网络法，构建了包含细观孔隙结构、微观气固反应及宏观传输过程的多孔填充床物理模型，进一步推动了反应器模型的研究进展[22]。张建伟等考虑了喷嘴结构与间距，建立了水平对置撞击流反应器物理模型，确定了反应器混合的最优工况，为复杂反应系统的模拟和分析提供了基础。物理模型通常不考虑反应的化学机制[23]。

作为反应器设计的基础，物理模型在反应器的设计、操作优化方面提供了重要支撑，彰显出极为重要的应用价值。可见，经过精心设计的物理模型，能够更准确地预测反应器的性能，优化操作参数，最终实现生产效率和经济效益的提升。因此，反应器物理模型的研究与应用对于推动相关领域的进步和发展具有重要意义。

2.3.2 数学模型

数学模型是表征反应器行为、操作参数与状态变量之间的数学关系式。数学模型在反应器模型中占据重要地位，活性污泥数学模型就是其中的一种。

国际水质协会对活性污泥数学模型（ASM）进行了系统总结，不断完善模型的表达方式。在 1987 年、1995 年和 1999 年，相继推出了 5 套活性污泥数学模型，即 ASM1、ASM2、ASM2D、ASM3、ASM3C。这些活性污泥数学模型是污水生物处理工艺研究与过程模拟的基础平台，并为相关模拟软件的开发提供了前提条件。

活性污泥数学模型综合了活性污泥系统中的碳氧化过程、硝化过程及反硝化等过程，特别适用于污水的生物处理过程的设计和运行模拟。数学模型的引入成为活性污泥模型发展的里程碑。这些模型以多种底物成分平衡、质量平衡、电荷平衡和氮平衡等为基础，准确描述了活性污泥系统中好氧、缺氧条件下的水解、微生物生长和衰减、有机物降解等反应过程。

活性污泥数学模型引入“开关函数”能够更加直观地表达更丰富的信息。有研究者通过加入水力学模型，预测异养菌的生长，有利于进行计算机的模拟计算。

通过这些改进和优化，数学模型在反应器模型中的应用更加精确和高效，为污水处理和反应器设计等领域的研究和实践提供了有力支持。

2.3.3　生物反应器模型

随着生物技术的不断发展，生物反应器已经成为生产和研究生物制品的重要工具。反应器的结构优化，一般是借助相关模型并对其展开模拟来进行的。因此，建立生物反应器的物理模型和数学模型，进行反应器的建模和仿真是非常重要的。

生物反应器模型可以分为基于平衡的模型和基于动力学的模型。基于平衡的模型通过化学反应平衡来描述反应器中物质的组成和平衡状态。该模型可根据化学反应机理和平衡常数来预测反应的结果。基于动力学的模型通过化学反应动力学来描述反应器中物质的变化和反应速率。该模型可根据化学反应动力学方程来预测反应的速率。

目前，生物反应器中微生物物种分布广泛且不均匀，生物反应具有复杂性，生物反应器型式不能适应生物反应过程，学者们提出了生物流动反应器模型，采用数值模拟方法证实系统存在正平衡态解。有研究者在文献的基础上建立了微生物资源消耗单调递增函数，研究了营养物质浓度对微生物种群生长竞争能力的影响。上述研究均假设营养的消耗和物种的生长成正比，但忽略了一个重要的生物学现象，如个体的养分配额可能是动态变化的。

研究人员在实验中首次观察到这一有趣的生物学现象，当外部营养耗尽时，微生物可以继续生长和分裂一段时间，直到内部储存的营养耗尽。于是，研究者将细胞内部储存的营养引入生物模型，提出了物种生长率依赖于细胞配额的浮游生物生长模型，该经典模型也被称为 Droop 模型。

目前，生物反应器模型研究思路已逐渐推广到其他模型或其他具有类似性的模型动力学的研究中。

2.4 反应器设计优化理论及实例

2.4.1 反应器设计优化理论

2.4.1.1 构型理论

反应器设计是针对反应过程进行的，通常采用“构型理论”优化反应器结构。

构型理论所研究的尺度从微观、介观到宏观，研究对象呈多尺度化。多学科、多目标、多尺度构型优化指导下的反应器设计，能反映构型理论的重要应用。未来，更深入的研究方向可能是反应器设计优化在仿生工程学和生物学领域的应用,为人类更好理解自然科学问题提供一种新思路。

构型理论是 20 世纪末出现的一种传质优化理论,该理论为各种传质过程以及流动过程的优化提供了一种新的“几何哲学”,即保持反应器流动状态,能够提高效率。构型理论中指出,对于一个沿时间方向(或适应生存环境)进行结构演化的有限尺度的流动系统来说,为系统内部“流”提供越来越容易通过的路径是决定其结构形成的根本原因。或者可以更通俗地讲:事物结构源于性能达到最优。“构型”一词早先在 Adrian Bejan 和 Peder Zane 等著的 *Design in Nature* 一书中也有所阐释,既暗含事物内部结构与外部形状之意,又表达了与结构理论相对的从小到大的不同尺度的构建与优化过程,与英文名称“Constructal”一词的词意吻合[24-31]。

构型理论为社会学家、生物学者、物理学家、环境学家与化工学者阐释工程领域、自然领域各种流型形成的根本原因,指导工程领域各种流动系统结构设计提供了基础理论。同时,构型理论也为以前仅靠经验方程设计工程项目的工程从业人员提供了有理有据的能切实指导工程实践的工程装备及过程强化方法。近几十年来,具有代表性的优化理论有场协同理论、分形理论、熵产最小化理论、火积理论等,这些理论的提出使得过程强化等学科的发展更加蓬勃。

构型理论的结构性质呈确定性,分形理论的结构性质呈描述性。学者们以流阻最小为目标、流动时间为约束条件,对矩形区域内水管管网进行了研究,讨论了不同流动形式下 T 形和 Y 形管道最优构形问题,结果表明Y 形管道网络流动性能比 T 形管道网络流动性能更优。基于哈根-泊肃叶(Hagen-Poiseulle)定律,通过引入连续的 Heaviside 函数,二维自由表面流问题被简化为管网的一维问题,建立了基于有限元法的一维程序的等效水力管网模型,能有效地分析多孔介质中的自由表面流[32]。

2.4.1.2 基于CFD方法的模型结构设计优化理论

计算流体动力学(CFD),是近代流体力学、数值数学和计算机科学结合的产物，是一门具有强大生命力的前沿科学。20 世纪 70 年代，随着 CFD 诞生和发展,多种反应器的设计与优化得以推进,实现了对反应器内部混合状况及流场的精细化剖析。CFD 技术的模型动力学理论能解析反应器中的流动特征机理，对反应器设计、优化及放大具有重要的指导意义。

在众多的反应器模型中,CFD 方法已经提供了多种选择,包括标准 k-ω 模型到计算时间较长的大涡模拟(LES)。有研究者采用 LES 研究了具有不同锥管直径的旋风分离器,进一步验证了 LES 在旋风分离器模拟中的适用性。然而,与实验结果相比,雷诺应力 RSM 模型在旋风分离器的模拟中表现出更高的预测准确性和可靠性。

利用 CFD 对光生物反应器进行设计和优化,与以往凭经验和繁琐实验为主的传统优化方法相比,可节省大量的人力、物力、财力和时间,揭示反应器机理。然而,由于流体在反应器中的表现太复杂,在利用 CFD 模拟计算时会进行很多理想化处理,与实际情况可能会存在偏差,常需要对结果进行验证。但采用 CFD 技术辅助反应器的开发、设计与优化是很有必要的。

此外,CFD 技术作为水处理领域反应器科学研究的新兴科技,广泛适用于涉及流体运动和化学反应过程的各种设备和场合。将 CFD 技术与膜组件物理反应器模型结合,经过系统的模拟和分析,优化反应器结构和参数,提高了膜生物反应器运行效率,有助于减少水处理过程中的能源消耗,提质增效。CFD 技术可以帮助解析生物反应器中的流体运动,这对于生物生长动力学模型的建立以及光生物反应器的开发、设计、结构优化、性能比较及放大有重要的参考价值。CFD 已经成为生物反应器研究的重要辅助工具。

2.4.2　多相流反应器设计优化实例

旋转流式的气固流型是多种多相流反应器中常见的一种流动状态。气体夹带固体颗粒的流动成为气固两相流体的流动，简称气固两相流。基于气固两相流原理的反应器称为气固反应器或气固分离器。其中，颗粒粒径分布、颗粒密度、颗粒球形度、颗粒/气体质量比是气固(生物)两相流反应器的特性参数。

2.4.2.1　旋转流多相流反应器设计优化的意义

多相流反应器的设计与优化的前提是对反应器结构和运行过程的掌握。当前，基于旋转流的多相流反应器常被广泛地应用于多个工业领域。例如，旋风分离器是一种典型的旋转流多相流反应器。它能够通过离心力使含尘气体产生旋转运动而分离颗粒物，简单易操作，因此成为一种广泛应用的分离设备。

长久以来，作为旋转流多相流反应器的代表，旋风分离器的设计注重分离大粒径颗粒物。当颗粒粒径大于 5 μm 时，旋风分离器的分离效率可以达到 99%以上，但是对于次微米颗粒和更小的颗粒，其分离效率极低。如今，随着旋流分离器的不断改进优化，例如用于分离微米颗粒的高效率旋风分离器，其应用范围不断拓展，包括未开发的健康防护等领域。

2.4.2.2　多相流反应器结构与分离原理

多相流分离理论之一是几何形态效应，这是由于结构对流体流动和分离的重要影响。研究人员综述了反应分离器效率受到空气细颗粒物空气动力学的直接影响，例如流速、颗粒尺寸、形状、流体参数等，设计不当的反应器将影响采集颗粒物上黏附病毒结构的完整性。基于多相流分离理论的多相流装置经过重新或集成设计或改进后不仅可更高效地应用于传统工业领域，还越来越多地应用于医学、公共卫生、生物医药等领域。

1. 典型多相流反应器几何形态

旋风分离器是典型的多相流反应器，通常由筒体、锥体组成，如图 2-1 所示。旋风分离器的进口采用切向或轴向导叶式进口，这种结构能够迫使气流进入旋风分离器后产生沿分离器外侧空间的向下运动，在分离器锥体段，迫使气流缓慢进入分离器内部区域，之后沿轴向上运动。

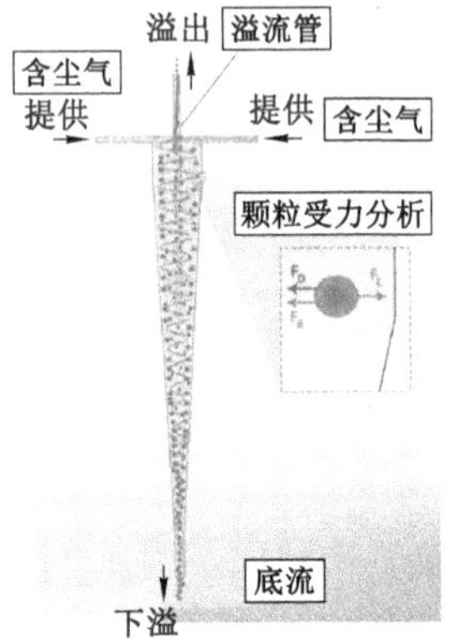

图 2-1　旋风分离器装置图

通常将分离器的流动分为“双旋涡”，即轴向向下运动的外旋涡和向上运动的内旋涡。净化气体通过溢流管排出，颗粒物通过底流管收集。旋风分离器的主要结构几何尺寸如下：① 旋风分离器筒体截面的直径；② 旋风分离器的总高；③ 溢流管直径；④ 溢流管插入深度；⑤ 入口长宽高；⑥ 锥体段高度；⑦ 底流管直径。

学者们已证实了设计参数和运行参数共同影响旋风分离器的性能[33]。因此，许多学者对旋风分离器的各部件进行了设计。例如一种 D_c 环形结构可降低旋风分离器的压力降。一种具有回流锥形和带螺旋隙的溢流管，提高了旋风分离器的总分离效率、分级效率，降低了压力降，从而改进了其分离性能。旋风分离器的结构和尺度对其分离性能也具有显著影响。但是，结构形状参数对效率的影响并未被全面揭示。这主要和旋风分离器流场非常复杂、对气固两相流分离机理的理解不全有关。

2. 典型多相流反应器分离原理

迄今为止，多相流反应器分离原理主要有四类假说[34-35]。

(1) 转圈假说

1961 年,学者 Rietema 等在重力沉降分离理论的基础上提出了转圈假说。该假说认为,旋风分离器内的颗粒具有沿着径向向外的离心加速度,如果含尘气体在直筒段旋转的圈数越多,即展开的运动轨迹越趋于重力沉降的长度,则粉尘越容易到达外筒壁面的外圈旋涡而分离。显然,这种理论没有考虑锥体段对颗粒运动形式的影响[36]。

(2) 平衡轨道理论假设

1951 年,学者 Driessen 等提出了颗粒的平衡轨道半径,他们证实了当颗粒做多圈旋转时,并不一定产生径向向外的位移,而有可能由于力的平衡,只是在一定半径的圆形区域内做回转。该理论将径向速度假设为恒定值,也存在一定的局限性。

(3) 分级效率模型

1972 年,学者 Leith 等提出了分级效率的概念。分级效率公式计算的结果与实验结果较吻合,因而在工程界广泛使用。他们认为只要颗粒在旋转运动过程中克服气流阻力,湍流扩散到近壁面处的层流边界层,就可以被捕集[37]。

(4) 三区域模型

1981 年,学者 Dietz 等依据前人的实验结果提出了三区域模型理论。该理论将装置分为进口区、底流区和顶流区三个分离区。虽然该模型考虑因素较全面,但也存在与实际有出入的局限性。

2.4.2.3　气固反应器设计优化:以旋风分离器为例

旋风式气固反应器内的流场是三维旋转流动的,流动形式复杂,湍流程度高。研究反应器中的气固两相流动形式、分离机理成为设计高效反应器的挑战,如旋风分离器。近年来,随着计算技术的进步,结合计算流体力学和构型理论等研究气固反应器内的多相流运动规律与非均相分离机理的方法，对分离器的结构设计、优化起到了重要作用。

1951 年，Stairmand 出版了著名的旋风分离器设计指导论著，其中介绍了一种高效率旋风分离器，包括旋风分离器进口、气体溢流管、外筒、外锥管和旋风分离器底流集尘管。Hoffmann 等论述了这些结构几何参数的比值，并以这些比值作为 Stairmand 模型的设计基础，但是仍存在不足[38]。

1. 旋风分离器结构

旋风分离器结构简单，流体力学特征和分离机理复杂且不明晰。为了提高装置性能，学者们在过去几十年间付出了很多努力。成果主要涉及两方面：装置尺度的研究和基于流场特征及构型理论的结构设计。现今，工业装置中主要采用的两种旋风分离器结构是圆柱形（霍夫曼旋风分离器）和方柱形，如图 2-2 所示。

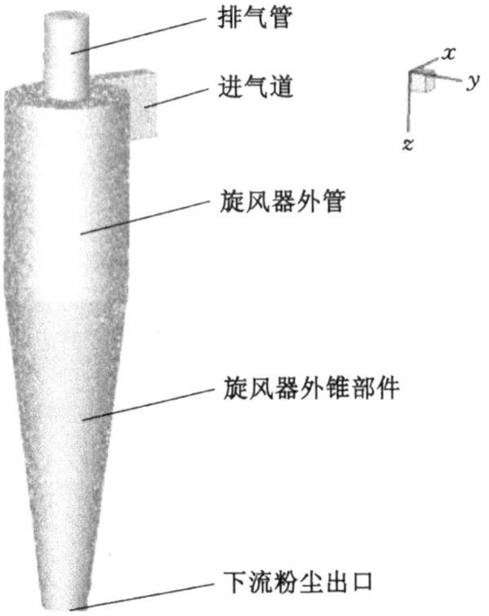

(a) 霍夫曼旋风分离器

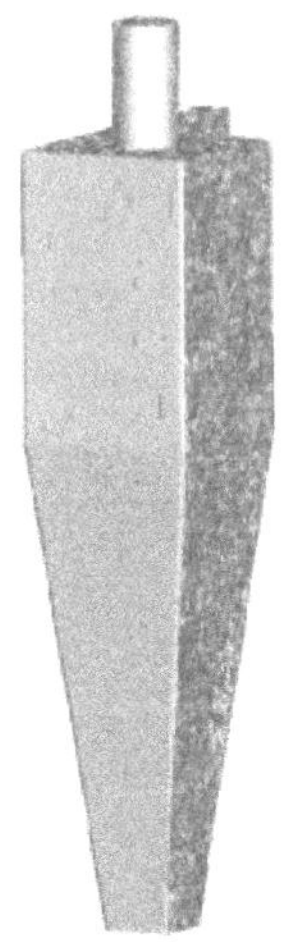

(b) 方柱形旋风分离器

图 2-2　传统旋风分离器结构图

Safikhani 等[39]测试了圆柱形和方柱形旋风分离器性能，结果显示小尺度方柱形旋风分离器的压力损失低于圆柱形旋风分离器。圆柱形旋风分离器体积大，启停时间长；方柱形旋风分离器适合于高气体流速场合和大直径颗粒的分离(颗粒直径通常大于 5 μm)。圆柱形旋风分离器的分离原理基于离心分离；方柱形旋风分离器的分离原理与瞬态碰撞分离和离心分离有关。

Raoufi 等采用计算流体力学方法研究了图 2-2 所示的两种旋风分离器的分离机理，结果显示，不同的外筒结构会影响旋风分离器的压力降。但是，优化流场的旋风分离器仍然不能满足细颗粒分离的需求。因此，一些学者开始采用计算流体力学作为分析旋风分离器内流场的重要工具来有效地设计装备[40-42]。

2. 旋风分离器物理模型建立

为了更清晰地描述旋风分离器结构，引入多个几何参数变量和八个截面，以期详细描述旋风分离器外筒和锥管部分的速度分布，评价新设计的六角形旋风分离器优化效果，如图 2-3 和图 2-4 所示。

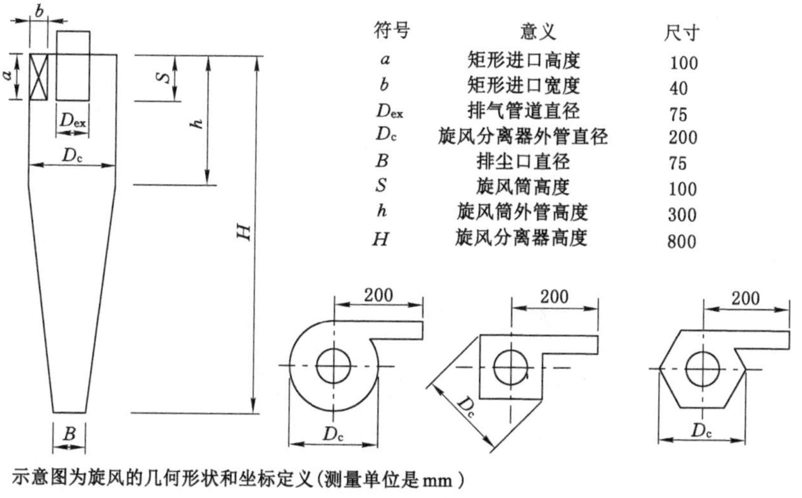
b
a
Dex
Dc
S
h
H
B
符号 意义 尺寸
a 矩形进口高度 100
b 矩形进口宽度 40
Dex 排气管道直径 75
Dc 旋风分离器外管直径 200
B 排尘口直径 75
S 旋风筒高度 100
h 旋风筒外管高度 300
H 旋风分离器高度 800
200
200
200
Dc
Dc
Dc
示意图为旋风的几何形状和坐标定义(测量单位是mm)

图 2-3　旋风分离器各个部位几何参数定义

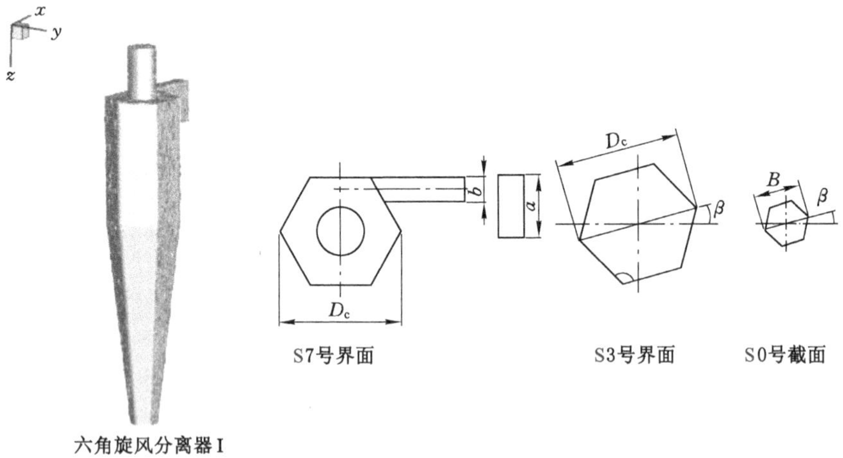

图 2-4　六角形旋风分离器 I 几何尺寸图

3. 旋风分离器模型参数设置

旋风分离器的结构优化通常是双目标决策问题，工程上常需要实现装置最小压力损失下的最大分离效率。在很多的旋风分离器模型设计中，为得到满意的旋风分离器性能，需要设置关键参数。从工程应用的角度来看，壁面磨蚀程度、颗粒停留时间等相关参数常常与装置寿命、分离时长相关。因而，研究人员在模型设置中通过考虑压力降、分离效率、壁面磨蚀、颗粒停留时间，研究这四个参数以期达到旋风分离器的设备运行寿命和分离效率的最佳平衡。

在旋风分离器内，湍流的存在对分离效率起着至关重要的作用。而且，精确的湍流模拟是旋转流模拟的基础。因此，结合 CFD 技术，可有助于精确预测湍流。对于旋风分离器来说，颗粒轨迹预测是关键任务。多项研究工作已证明，拉格朗日多相流模型与随机游走模型(DRW)是两种有效的多相流研究方法。一般来说，拉格朗日多相流模型适用于描述颗粒运动，随机游走模型(DRW)特别适用于湍流中的离散颗粒，尤其是低浓度、小直径颗粒。基于这些方法的合理参数设置，能够为旋风分离器设计和优化提供重要参考，有助于理解湍流旋转流和颗粒运动作用机制。

4. 旋风分离器模型设计与优化流程

(1) 旋风分离器设计与优化流程

为了实现高效的气固分离，旋风分离器的模型优化流程如图 2-5 所示，步骤简述如下：

步骤 1：建立设计变量。

步骤 2：设计模型，优化几何参数。

步骤 3：CFD 测试模拟并评价旋风分离器的性能。

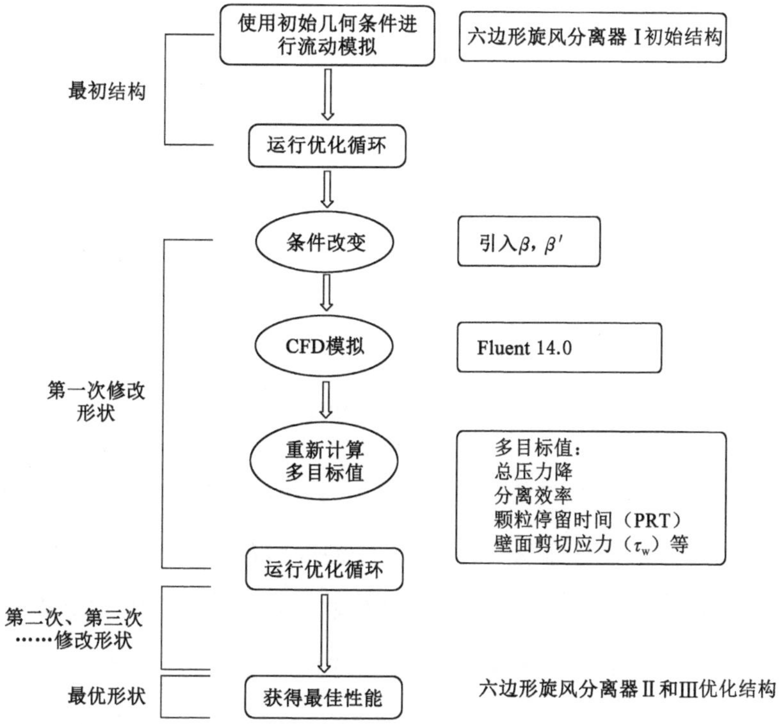

图 2-5　六角形旋风分离器Ⅰ/Ⅱ/Ⅲ建模及模型优化流程

(2) 分离效率和总压力降

分离效率和总压力降是旋风分离器性能评价的关键指标。在工程领域中,常采用总压力降反映旋风分离器能耗,总压力降的数值越大,装置能耗越高,不利于工程应用。从工程经济性方案选择上来看,工程人员更希望选用经过设计优化的旋风分离器,要求其具有较高的分离效率、降低的总压力降,最好是二者兼具。

总压力降常作为反映气体经过旋风分离器内部运行阻力程度的指标。实际工程实践中,有很多的因素都可以影响旋风分离器的性能,包括物系特性、工艺条件,以及分离微生物颗粒物的直径大小、种类、密度,进口气体黏度及进口气速等。

为了了解旋风分离器的分离效率,有必要新提出两个参数:x_{75}和x_{90}。x_{75}和x_{90}的计算参考了 Muschelknautz 方法中的x_{50},该算法在 Hoffman、Stein 以及再早的 Barth 的研究工作中均提及。x_{90}和x_{75}可用于描述旋风分离器分离粒径范围的颗粒捕集率,具体计算公式如下:

$$\begin{cases} x_{90}=x'_{90}\sqrt{\dfrac{18\mu(0.9Q)}{2\pi(\rho_{\mathrm{P}}-\rho)(H-S)v_{\mathrm{tangential}}^{2}}} \\ x_{75}=x'_{75}\sqrt{\dfrac{18\mu(0.9Q)}{2\pi(\rho_{\mathrm{P}}-\rho)(H-S)v_{\mathrm{tangential}}^{2}}} \end{cases} \tag{2-1}$$

式中,$v_{\mathrm{tangential}}$表示进口气流切向速度;Q表示进口气流流量;ρ_{P}表示分离的颗粒密度;ρ表示气体密度;μ表示气体黏度;H表示旋风分离器总高度;S表示旋风分离器气体上出口管埋入筒体高度;x_{75}表示分离75%颗粒分离效率;x_{90}表示分离90%颗粒分离效率;x'_{90}和x'_{75}是对应的常数。

$$\begin{cases} x'_{90}=f(v_{\mathrm{in}},\rho_{\mathrm{P}},\rho,\mu,D_{\mathrm{ex}},D_{\mathrm{c}},B,\beta',\beta,a,b,H,S) \\ x'_{75}=f(v_{\mathrm{in}},\rho_{\mathrm{P}},\rho,\mu,D_{\mathrm{ex}},D_{\mathrm{c}},B,\beta',\beta,a,b,H,S) \end{cases} \tag{2-2}$$

式中,v_{in}表示旋风分离器切向进口气速;ρ_{P}表示分离颗粒密度;ρ表示气体密度；μ 表示气体黏度；D_{ex}表示旋风分离器气体上出口管直径；D_c表示筒体直径；B 表示旋风分离器颗粒下出口管直径；β'和 β 分别表示旋风分离器圆柱状筒体截面 S3 和锥状筒体截面 S0 中心轴向的扭转角度；a 和 b 分别表示旋风分离器矩形切向进口的高度和宽度；H 表示旋风分离器总高；S 表示旋风分离器气体上出口管埋入筒体高度。

因此还得出一个新的参数 X_r(颗粒右直径捕集分布变化度)，它的定义为

$$X_r = \frac{x_{75}}{x_{90}} \tag{2-3}$$

X_r 是一个无量纲常数，用于描述分离效率曲线变化率和梯度趋势。由于重力，旋流分离过程中，x_{90}通常大于 x_{75}。因此，大多数情况下，X_r 小于 1，分离效率曲线呈上扬趋势。当 X_r 越接近于 1 时，旋风分离器分离效率-颗粒直径的曲线越趋平。另一方面，当 X_r 越趋近于 0 时，旋风分离器分离效率-颗粒直径的曲线越陡。

(3) 壁面剪切应力

壁面剪切应力计算公式如下：

$$\begin{cases} E = 0.199\,3\xi_{shape} D_z^{-2.197\,1} \\ E \propto \tau_w \end{cases} \tag{2-4}$$

壁面剪切应力 τ_w是表征壁面摩擦的关键参数，主要影响旋风分离器内的总压。E 为磨蚀速率，是考量壁面耐久性和运行寿命的重要参数。通常，τ_w与 β 和 β'以及旋风分离器外管形状因子 ξ_{shape}和旋风分离器几何尺寸参数 D_z相关。ξ_{shape}是一个无量纲常数，小于 1。当旋风分离器的外筒结构接近圆柱形时，该常数接近于 1；相反，当旋风分离器的外筒结构接近三角形时，该常数接近于 0。在式(2-4)中，E 与锥筒直径 D_z 成反比，与形状因子 ξ_{shape}成

正比，与 τ_w 成正比，且 τ_w 与进口气速成正比。

(4) 颗粒停留时间(PRT)

PRT 可用于描述旋风分离器内的颗粒轨迹。为了更全面地描述旋风分离器内的颗粒轨迹，我们又引入了几个新的参数 γ 和 PRT′。γ 为体积校准因子，是霍夫曼(Hoffmann)旋风分离器的体积与对照旋风分离器体积之比。当不同结构的旋风分离器进行对比时，体积校准因子 γ 用于减小由于体积差异产生的误差。PRT′表征单位体积的颗粒轨迹，它是 γ 和颗粒停留时间 PRT 的乘积。

同时，研究还定义了颗粒捕集时间 t_t、颗粒逃离时间 t_e 以及用于描述颗粒运动轨迹的参数 t_δ，t_δ 是 t_t 和 t_e 之比。如果 t_δ 大于 1，说明大多数颗粒在旋风分离器内停留了较长的时间；假如 t_δ 小于 1，则旋风分离器内的颗粒很大可能经历了瞬态分离或短路流。

$$t_\delta = \frac{t_t}{t_e} \tag{2-5}$$

(5) 颗粒运动轨迹

此外，逃逸颗粒在 Z 轴方向平均深度 z_e 与旋风分离器的高度 H 的比值称为 ψ，用于描述逃逸颗粒的运动轨迹。当 ψ 接近于 S/H(S 为溢流管穿入旋风分离器的深度，H 为旋风分离器筒体高度)时，表示大多数颗粒迅速逃逸，并且短路流发生的概率高。相反，当 ψ 接近于 0.5 时，表示分离过程正常而稳定。通常，大颗粒具有大的 ψ 值，且 ψ 值大于 S/H(本书中，$S/H=1/8$)。

$$\psi = \frac{z_e}{H} \tag{2-6}$$

5. 旋风分离器设计效果评价方法

计算流体力学模型模拟能够帮助进行旋风分离器的设计效果评价。一般，旋风分离器内的颗粒负荷较小，所以模拟时会假设旋风分离器内的颗粒并不影响流场，常基于离散相(DPM)方法计算。基于计算流体力学中的DPM 模型，采用欧拉-拉格朗日方法，流体相被认定为连续相，颗粒、气泡或液滴被认定为离散相。在实际应用中，DPM 模型在计算区域中的体积分数必须足够小，通常小于 10%～20%。

基于 DPM 模型的颗粒捕集率的计算，可以帮助了解旋风分离器内的颗粒运动轨迹、停留时间、出口捕集率等。模拟中不考虑颗粒间碰撞，利用辅助随机游走方法帮助模拟瞬态速度波动。

依此方法，在评价旋风分离器的颗粒捕集率时，采用从进口注入恒定数量单离散颗粒的模拟方式，模型就可以计算出底流口捕集的颗粒数目和溢流口逃逸的颗粒数目的比值，从而评价旋风分离器的分离效率。

6. 模型实验验证

(1) 压力降验证

将 CFD 得到的六边形旋风分离器压力降与霍夫曼旋风分离器的压力降进行了对比实验，并进行了模型验证。图 2-6 为测试旋风分离器示意图及

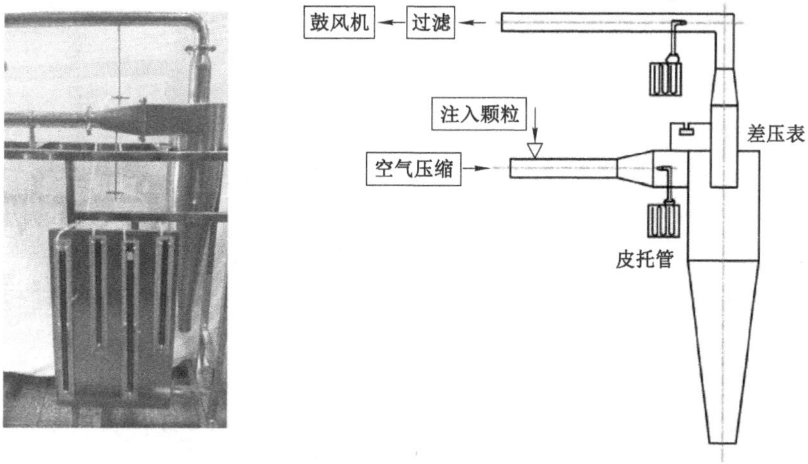

(a) 实验装置示意图　　(b) 测试旋风分离器示意图

图 2-6　旋风分离器实验装置图

实验装置的现场照片。总压力降等于静压和动压之和，对于旋风分离器它能更加准确评价性能。总压力降通常考虑进口和出口的流动能量变化。四个连续的变量(进口静压力，进口总压力，气体溢流口静压力和气体溢流口总压力)由皮托管获得。在实验中，旋风分离器的进口气速为 10～20 m/s。具体数据见表 2-1。

表 2-1　霍夫曼旋风分离器压力降验证

进口气速 v_{in}/(m/s)	总压力降 Δp/Pa				
	Exp[a]	CFD	Pitot Tube Exp[b]	Error[c]/%	Error[d]/%
10	370	332.66	396	−10.09	7.03
20	1 430	1 391.96	1 372.8	−2.66	−4.00

注：[a]：Exp 实验数据来自文献。
[b]：Pitot Tube Exp 获得的 Δp 来自皮托管实验霍夫曼旋风分离器测量结果。
[c]：CFD 模型计算结果与文献列出的霍夫曼旋风分离器实验结果的差值比。
[d]：皮托管实验结果与霍夫曼旋风分离器实验结果的差值比。

在验证实验中，总压力降的 CFD 结果与实验结果相对比，证实模型具有可靠性。霍夫曼旋风分离器和本研究中的旋风分离器的实验测得的总压力降与 CFD 模拟的总压力降对比数据显示，实验数据和模拟数据具有较好的一致性。

(2) 分离效率验证

经过对比研究发现，当进口气量 Q_{in} 为 0.04 m^3/s 时，CFD 模型输出旋风分离器分离直径 0.5～5 μm 颗粒的分离效率，与实验结果接近。

图 2-7 所示为进口气体流量 0.04 m^3/s 时旋风分离器模拟与实验的颗粒粒径-分离效率关系对比结果。图中黑线为文献(2001)中的霍夫曼旋风分离器分离效率的实验数据，圆圈表示本研究中采用 CFD 计算获得的旋风分离器分离效率，方块表示本研究实验方法测得的旋风分离器分离效率。可见，模拟值与实验值具有较好的一致性。

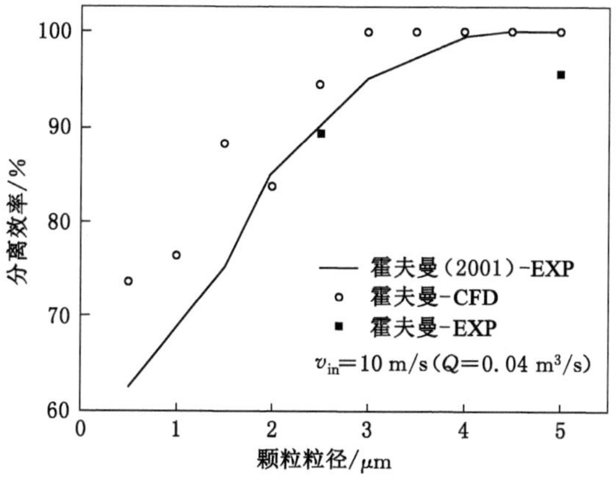

图 2-7　旋风分离器分离效率对比图

7. 旋风分离器模型模拟结果

(1) 旋风分离器颗粒相运行轨迹预测

离散相模拟直径为 2.5 μm 颗粒物在圆柱形、六角形和四方形外筒的旋风分离器内的运行轨迹，如图 2-8 所示。颗粒在旋风分离器进口的注入位置分别为顶部、中部和下方，进口气体流量为 0.04 m^3/s。

图 2-8(a)为霍夫曼旋风分离器，图 2-8(b)为六角形旋风分离器，图 2-8(c)为四方形旋风分离器；第一列旋风分离器的颗粒注入位置为进口上方，第二列旋风分离器的颗粒注入位置为进口中间，第三列旋风分离器的颗粒注入位置为进口下方。

由图 2-8 可见，六角形旋风分离器的旋转时间 T_s 低于霍夫曼旋风分离器和四方形旋风分离器。六角形旋风分离器内颗粒轨迹长度 N_s 比四方形旋风分离器长，这主要是由于其以旋流分离(离心分离)为主，不会出现如四方形旋风分离器的瞬态分离和短路流。因而，可以推断，六角形旋风分离器实现气-固分离的能量需求不高。

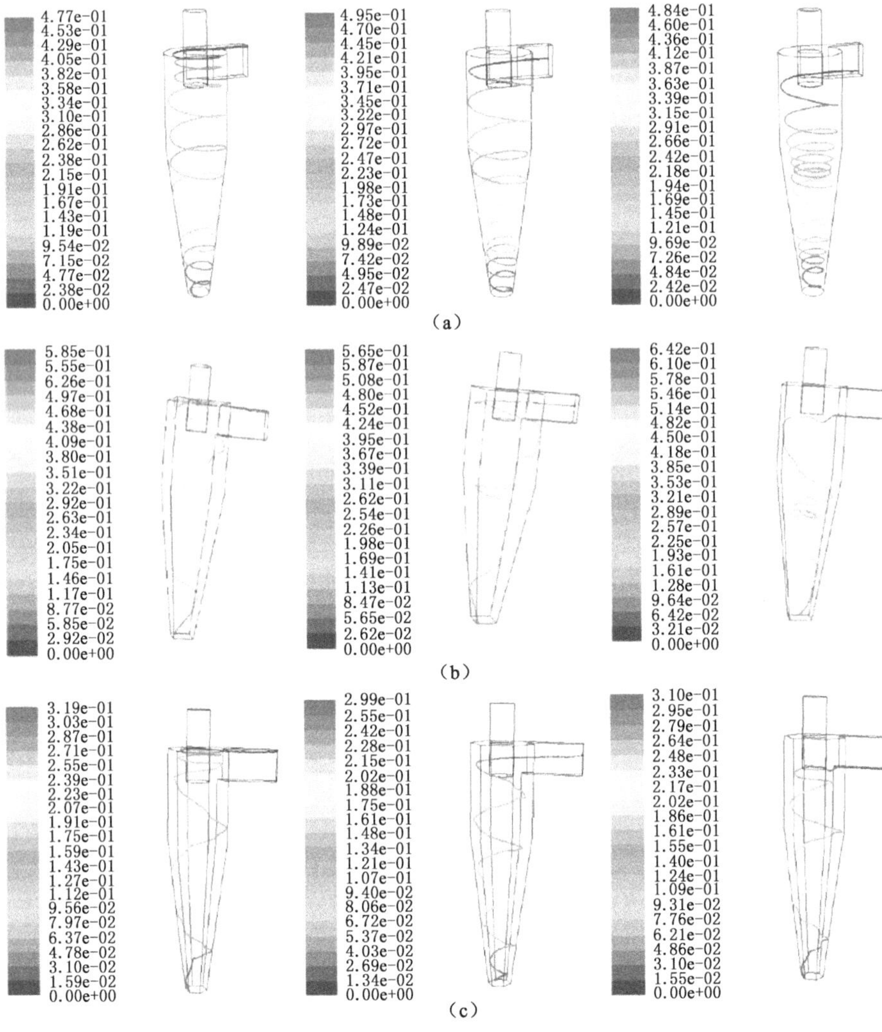

图 2-8　旋风分离器内 2.5 μm 的单颗粒的停留时间模拟云图

可见,经过设计与优化的六角形旋风分离器具有宽泛的进口速度范围和较低的总压力降。

(2) 旋风分离器颗粒相停留时间预测

CFD 模型模拟有助于预测颗粒相的停留时间。经过模拟发现，六角形旋风分离器的颗粒停留时间低于霍夫曼旋风分离器和四方形旋风分离器。

图 2-9 中详细列出了不同旋风分离器内 0.5～5 μm 颗粒停留时间和单位体积内 2.5 μm 的颗粒停留时间。在六角形旋风分离器中，颗粒停留时间短，而且大直径颗粒比小直径颗粒的停留时间短，但是霍夫曼旋风分离器的 2.5 μm 颗粒停留时间较长，且曲线波动较大。可见，六角形旋风分离器的颗粒分级性能和颗粒处理能力表现优异。

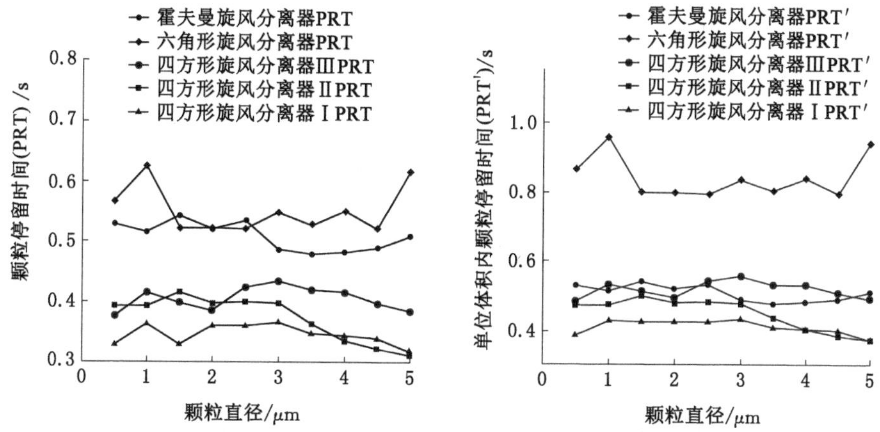

（a）PRT-颗粒直径曲线　　（b）PRT′-颗粒直径曲线

图 2-9　PRT、PRT′与颗粒直径的曲线

（3）旋风分离器颗粒相磨蚀预测

旋风分离器的颗粒相磨蚀可以通过 CFD 模型进行预测。图 2-10 所示为三种旋风分离器内壁面剪切应力的变化。从图中可以得出六角形旋风分离器较其余两种旋风分离器具有更长的运行时长和良好的耐久度。壁面剪切应力可以分为三部分：Part Ⅰ（上部的气体溢流管区间，z 轴：－0.1～0 m），Part Ⅱ（旋风分离器外筒部分，z 轴：0～0.3 m），Part Ⅲ（旋风分离器

的锥体部分，z 轴：0.3～0.8 m)。在 Part Ⅰ，壁面剪切应力曲线平滑，在 Part Ⅱ，壁面剪切应力在气体溢流管处出现峰值。Part Ⅲ处壁面剪切应力与旋风分离器锥体部分的壁面剪切应力、旋流颗粒的动能有关。而且，在 Part Ⅲ，六角形旋风分离器壁面剪切应力明显比霍夫曼旋风分离器低，略高于四方形旋风分离器。在图中，还可以看出壁面剪切应力 τ_w 与形状因子和直径 D_z 相关，这种现象在 Part Ⅲ尤为明显。

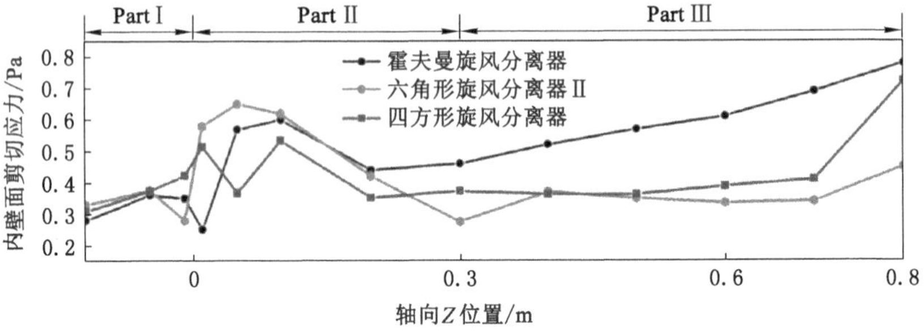

图 2-10　三种旋风分离器的内壁面剪切应力曲线

可见，三种旋风分离器在 Part Ⅰ的壁面磨蚀情况类似，六角形旋风分离器Ⅱ在 Part Ⅱ的壁面剪切应力类似于霍夫曼旋风分离器，但在 Part Ⅲ的壁面剪切应力低于霍夫曼旋风分离器和方柱形旋风分离器。六角形旋风分离器Ⅱ的低 WSS 特征可能与 Part Ⅱ的离心力和 Part Ⅲ的瞬态分离过程有关。

8. 小结

在多相流反应器的设计中，基于四个目标的循环优化方法具有可行性。通过采用基于 CFD 的数学模型和模拟，对新设计的分离器能够进行更全面的研究。为了验证模型的准确性，进行了压力降和分离效率的实验，将模拟结果与实验结果进行了对比验证，能够确保反应器的设计与优化效果。可见，这种基于模型的研究方法有助于更深入地理解环境反应器的性能与机理,并为未来的反应器优化设计提供了重要参考数据。

2.4.2.4　膜生物反应器设计优化:以柱式膜组件为例

反应器优化是一个持续不断的过程,主要目标包括提高反应器的效率、稳定性以及降低成本。通过改变反应器的形状、尺寸和内部构件,可影响流体动力学行为,进而改善传质和混合效果,提高反应效率。膜组件是膜生物反应器的核心部分,对整个反应工艺的性能和效率具有重要影响。

1. 柱式膜组件的设计优化

膜生物反应器是一种先进的水处理装置。设置适宜的运行参数,如生化反应时间、曝气量、反洗周期等可提高膜生物反应器处理效果、降低运行能耗并延长膜组件的使用寿命。中空纤维膜(HFM)膜组件是膜生物反应器的重要组成部分,存在膜污染、膜能耗等问题。学者们指出,优化膜组件壳层流量分布可以减轻过滤过程中的能量损失。HFM膜组件的模型研究较多关注膜机械性能,而对与膜组件壳侧尾流区的旋涡脱落等流体动力学特性相关的质量转运性能和降阻方面的研究较少。

HFM膜组件壳侧流动水具有连续的能量,而柱形纤维膜组件的流动能量更多"集中"在尾流区。通常,减少流体阻力的一个共同的指导思想是抑制甚至避免在圆柱周围产生不对称的涡旋脱落。刘燕等[43]开展的CFD模拟研究发现,新设计的喷嘴出口与管道直径的口径比 D/d 对压降和涡量的影响较大。当喷嘴口径比为0.375时,口径比的射流速度最佳,压降最小,阻力较小,涡量适中,有利于流体循环。

2. 柱式HFM膜组件模型建立与优化

本节的研究中,一个具有球形弧突圆管结构的新型HFM膜组件壳侧模型被提出。模型利用切向入口构成了旋流(涡旋)流场,建立了一种新型的圆柱形膜组件壳侧流态,并对六根膜管阵列间的复杂旋涡流场特征进行了详细的分析。

Mat 等研究了 HFM 膜组件进口出口类型、所有膜纤维的平均剪应力和压降之间的关系，并报道了膜渗透通量和纤维内流体流动对壳侧流场的影响是可以忽略的。大量研究发现，切向进出口类型具有旋流特性，流速分布均匀，动态(水力学)压降与常规流道相似。然而，对于膜表面的圆周压力系数分布与流体流动阻力的相关性，则报道较少[44-45]。

柱式 HFM 膜组件模型建立与优化遵循“建模—测量—优化”的流程。首先，建立 CFD 模型，研究流体流场和阻力分布。通过详细的流场模拟，研究沿上游方向的圆柱形纤维群的降阻特性。其次，采用 PIV 方法测量涡旋脱落行为和涡量大小分布。最后，进行室内过滤实验，评价膜组件水动力性能，并结合减阻特性，初步分析旋涡脱落控制机理。本节从膜组件设计展示反应器优化过程及性能改进。

图 2-11(a)所示为壳体侧进出口结构设计的顶层视图。图 2-11(b)所示

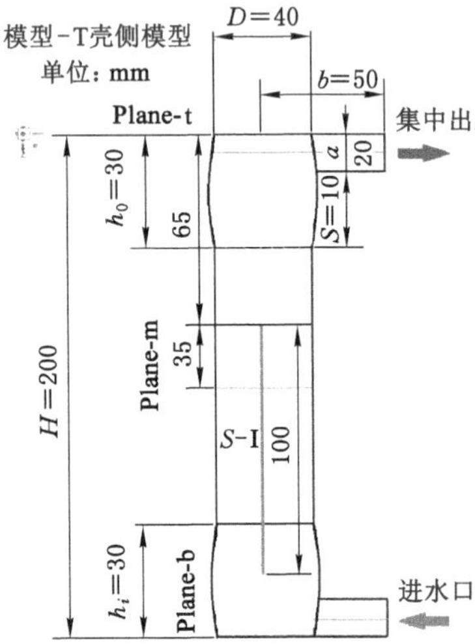

(a) 物理模型图

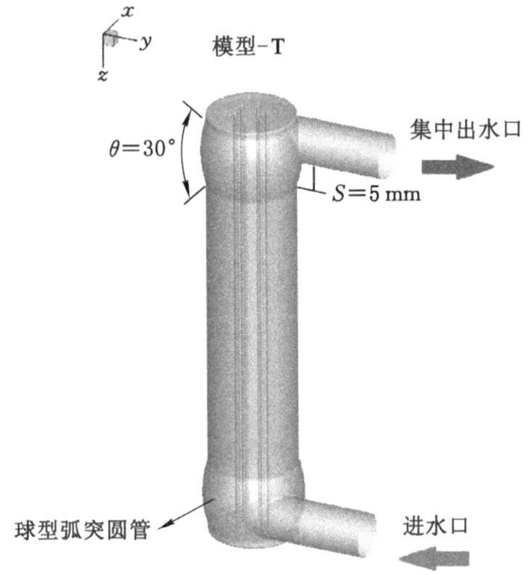

(b) 壳程结构图

图 2-11 中空纤维膜组件物理模型图及壳程结构图(模型 T)

为中空纤维 HFM 膜组件壳侧模型包括球形弧突圆管区域、切向进出口和六个圆柱形纤维组成的圆柱形膜丝组。进水口管置于膜组件的底部，集中出水管置于膜组件的上部。进口出口管的直径是相等的，而且各自位于球形弧突圆管之上。

3. 柱式 HFM 膜组件 CFD 模型设置

柱式 HFM 膜组件 CFD 模型在建模模拟时必须进行网格划分，对六条圆柱纤维进行网格细化。膜组件 CFD 数值模拟的控制方程是基于牛顿方程和 Navier-Stokes 方程建立的，采用 k-ω 湍流模型对流动进行精确预测，运用 SIMPLEC 算法对压力-速度进行耦合，对流项采用二阶迎风格式离散。

研究中获得的 HFM 壳侧旋转液固两相流动特性，采用欧拉-拉格朗日方法的离散相法(DPM)描述了颗粒在切线入口结构 HFM 中的运动轨迹。对于造成膜污染的生物颗粒，在膜表面沉积过程中，悬浮颗粒直径和胶体颗粒直径常为 100 nm。它们会造成不可逆的膜污染，还会导致严重的阻力加速。液体类型为水，液体密度为 998.2 kg/m^3，HFM 入口流量为 65 L/h(u=0.057 5 m/s，Re=2 500)。模型通过网格无关验证，网格节点数目约为 5 000 000，运行时间设定为 0～12 s。当 Re=2 500 时，运行周期保证了进料流量可以从壳体侧上出口流出，从而获得了可靠的流动结果。

当流体通过圆柱形纤维时，沿流动方向，纤维后侧形成湍流旋涡[46]。这些随机旋涡的形成和脱落增加了压力系数的波动，不稳定的边界层逐渐导致流体动量能量损失。因此，有必要确定膜管外表面的流体旋涡脱落动态及其对压力场波动的影响。擅于流体动力学特性模拟的 CFD 模型有助于揭示膜过程的分离及反应机理。随后，通过 CFD 模型计算获得压力系数，解释了流体中压力场波动和涡旋特性的一些特征。

Tarleton 等根据由以下方程定义的无量纲数压力系数 C_{pi}，估计了升力

系数 C_i 和阻力系数 C_d 对圆柱体的影响[47]。

$$C_d = \frac{1}{2}\sum_i C_{pi} \cdot \Delta\theta \cdot \cos\theta$$

$$C_i = \frac{1}{2}\sum_i C_{pi} \cdot \Delta\theta \cdot \sin\theta$$

$$C_{pt} = \frac{(p_i - p_{pref})}{\frac{1}{2}\rho u_{pref}^2} \tag{2-12}$$

式中，p_i 是圆柱试验模型上的静压；$\Delta\theta$ 是来流方向和压力位置的角度差；θ 是压力位置的方向角；p_{pref} 为来流静压；ρ 为密度；u_{pref} 为速度。

4. HFM 膜组件性能检测

在基于流体力学的反应器设计优化过程中，旋流模式不仅可以通过剪切机理显著提高反应器性能，而且可以改变旋涡脱落行为，从而改变压力梯度，避免颗粒相在反应器壁面的沉积。一些研究人员认为，切向旋流管状元件的几何参数设计和优化问题很有必要[48-50]。

因此，为了解 HFM 膜组件性能，建立了一种垂直进口 HFM 膜组件的壳侧模型 V[图 2-12(b)左]和具有切向进口结构的模型 T[图 2-12(b)右]，对比研究两种膜组件性能。模型 T 由六个柱和一对具有弧突结构切向端口组成。

(1) 膜过滤性能测定实验

在膜过滤性能测定实验中，给水是蒸馏水。图 2-13(a)展示了实验流程图，图 2-13(b)展示了实验实况图，进口体积流量由转子流量计调节，流体由离心泵泵入。实验中使用的是具有 150 千道尔顿分子质量分离精度的 PAN 膜，膜组件装载膜面积为 7.5×10^{-3} m^2，体积为 0.025 m^3。

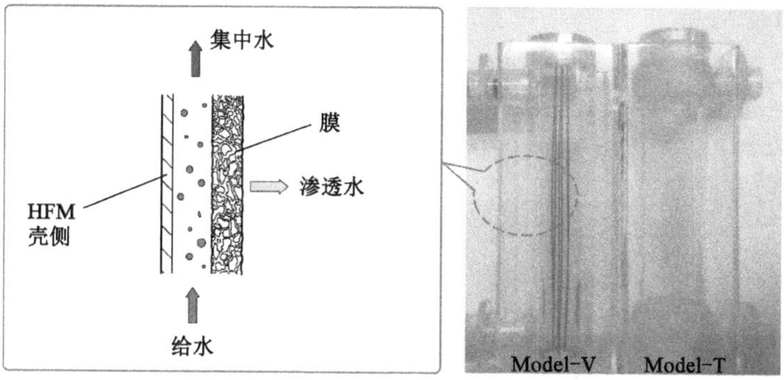

(a)　　(b)

图 2-12　膜组件模型实验装置图

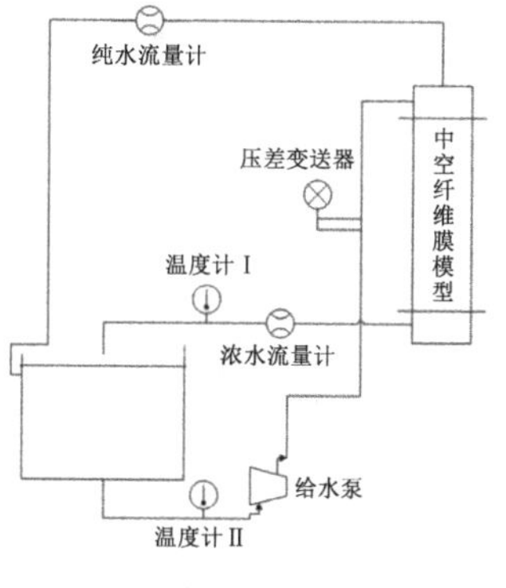

(a)

旋流增强错流过滤实验条件

液体类型	水
液体密度/(kg/m^3)	998.2
固体密度/(kg/m^3)	0.002 5
操作时间 t/s	1
粒度分布/mm	1~1×10^{-6}
水流量/(m^3/s)	0.09×10^{-4} 0.18×10^{-4} 0.27×10^{-4} 0.36×10^{-4} 0.45×10^{-4}

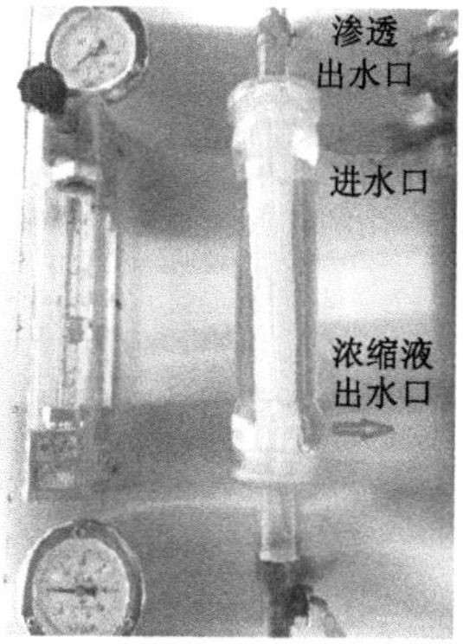

(b)

图 2-13　HFM 膜组件过滤性能运行工艺参数与实况图

(2) 流体流型转变实验

柱式膜组件模型用 6 根 PMMA 实心棒代替 HFM 中的棒状中空纤维膜,能够用于基于 PIV 进流体流型转变实验的观测。有机玻璃棒呈黑色,棒径为 2 mm。而且,用于 PIV 实验的柱式膜组件壳侧模型套装正方形套管,内部充满了纯净水,外侧具有的方形有机玻璃筒,是为了便于观察到膜组件壳侧的流体流型转变。

5. HFM 膜组件优化效果及机理分析

(1) CFD 模拟结果验证

CFD 模拟出了膜组件轴 z-涡量关系曲线，将其与基于 PIV 的流型转变实验结果进行比较，证实模型模拟结果与实验结果具有较好的一致性。如图 2-14 所示，对于 Model-T，在 $z=0.120 \sim 0.165$ m 的 S-I 观测区域 z-涡量绝对值较高，而在 $z=0.065 \sim 0.120$ m 的范围内 z-涡量绝对值较低。

图 2-14 中，HFM 膜组件 Model-T 壳侧结构的涡流在 Model-T 中上部更均匀。从而可推断，在弧突结构的切向进出口膜组件壳侧，存在流向涡脱落。

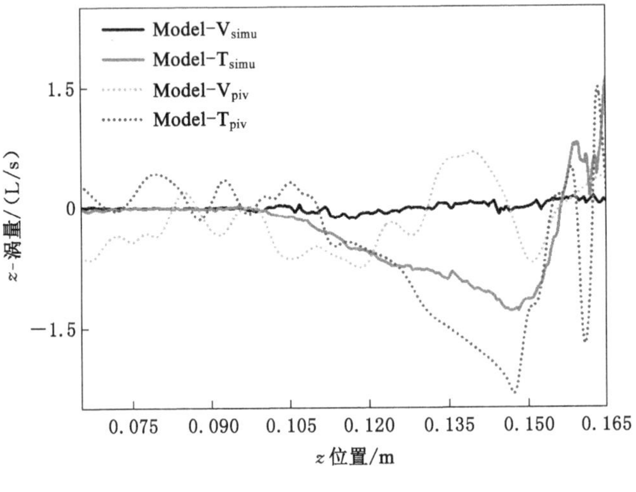

图 2-14　膜组件 z 轴方向的 z-涡量模拟结果验证

(2) 基于 CFD 模型模拟的反应器特征表征

CFD 模型对比分析了 HFM 膜组件壳侧横截面平面 b、平面 m、平面 t 流场。膜组件的结构设计与优化，促进了旋转流的产生，HFM 膜组件 Model-T中的截取平面 b 具有较高的旋转速度，而平面 m 比 Model-V 的速度分布更均匀，如图 2-15 所示。此外，垂直进出口设计的垂直流体流动导致流动停滞区出现。结果表明，旋转流动促使了膜组件内的流速增加。

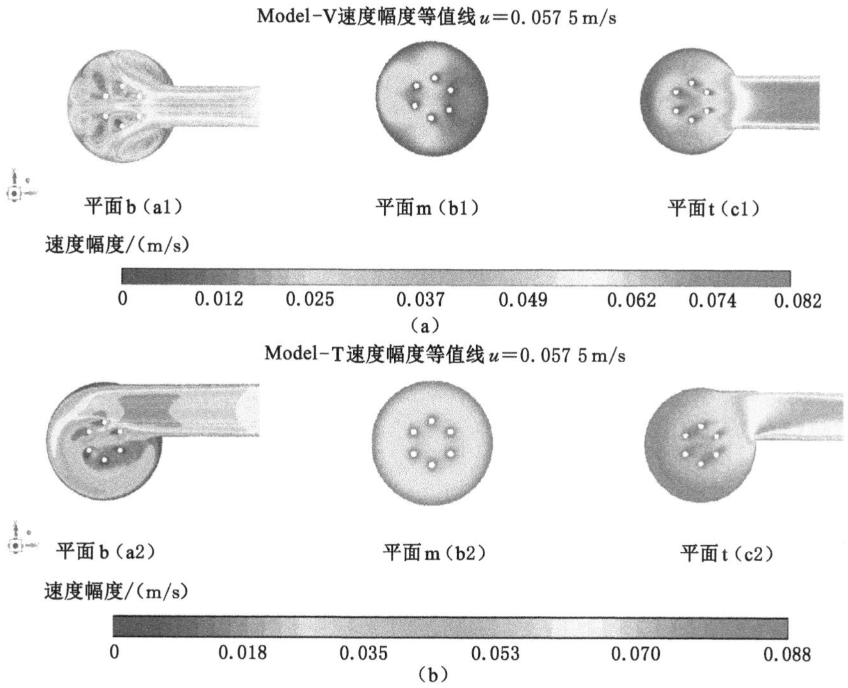

图 2-15　Model-V 与 Model-T 的模拟速度云图对比

模型设计时考虑了颗粒沉积、流场分布和流体力学特性对膜污染的影响。如图 2-16 所示，数值模拟研究结果表明，柱式膜生物反应装置内的旋转流动促使了膜组件内的流速增加及膜丝间隙的流动滞止区的区域面积减小。HFM 膜组件的纵向切面速度等值线显示出模壳体不同区域的流速。明显地，我们可以看出 HFM 膜组件 Model-T 的流动停滞区比 Model-V 的小。从而可以推断，膜组件壳侧流体的旋流速度可能会产生较高的剪切力，促使生物颗粒远离膜表面，降低生物膜污染速率。

(3) 优化后 HFM 膜组件流体动力学性能对比分析

在 CFD 模拟基础上，分析了 HFM 膜组件 Model-T 壳侧流体力学特

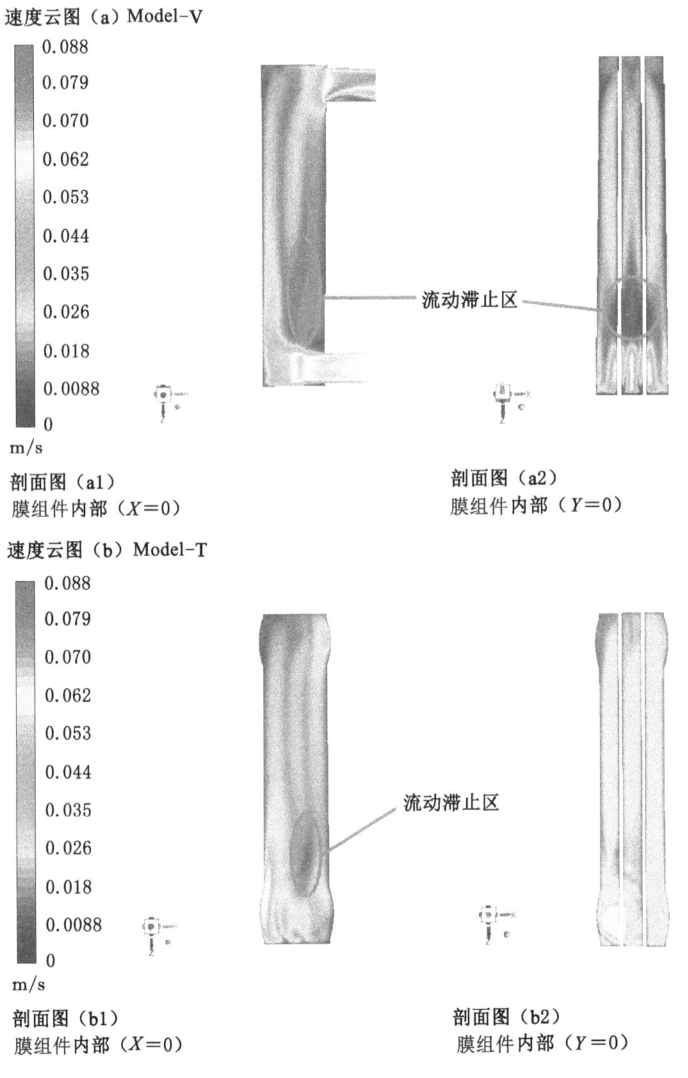

图 2-16　HFM 膜组件截面的对比速度云图(u=0.057 5 m/s)

性,对比研究有助于 HFM 膜组件过滤性能提高,从而评估 HFM 膜组件的优缺点。

图 2-17 所示为两种模型的进出口压力降、渗透时间的对比结果,

图 2-17(a)所示实验结果表明，HFM 膜组件 Model-T 在稳定运行阶段具有较短的渗透时间，较短的渗透时间也意味着较高的渗透通量和较低的阻力。图 2-17(b)表明 HFM 膜组件 Model-V 具有较高的出口压力 p_{po}，而且相同情况下压差比 HFM 膜组件 Model-T 小。研究还发现，高速旋转旋涡破碎成许多小涡，使得膜束表面的湍流动量损失较小。

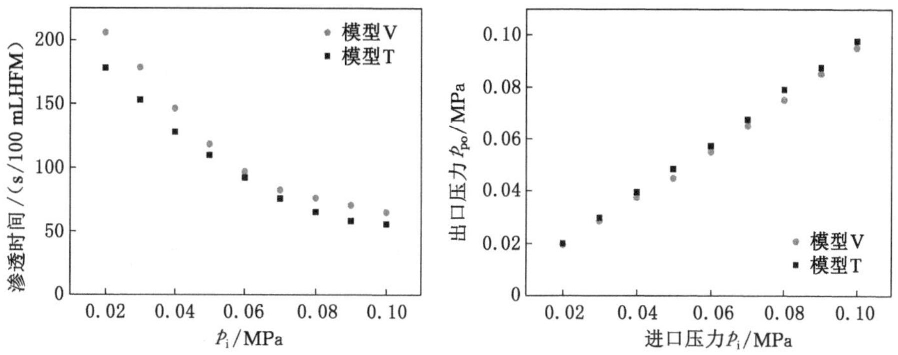

(a) HFM渗透时间曲线　　(b) HFM进出口压力降曲线

图 2-17　HFM 对比实验测试过滤性能曲线

(4) HFM 膜组件减阻特征及机理分析

膜是由压力驱动的，可以看成是两相之间一个具有选择透过性的屏障，膜丝充填的 HFM 膜组件的壳侧流体流动呈现不可逆的传质过程，存在流动阻力和能耗。表 2-2 显示了两种模型的渗透通量比。定义渗透通量比 ω(%)为模型通量比和入口流量的比值。

表 2-2　切向旋流与垂直轴向流膜组件壳程结构的渗透通量比 ω

项目	ω	
	Model-V	Model-T
$p_i - p_o = 0.014$ MPa	0.126	0.090
$V_m = 0.04$ mL/s · HFM	0.120	0.096
$Q = 150$ L/h	0.168	0.108

数据表明，在相同的运行条件下，HFM 膜组件 Model-T 获得的过滤产水量较高于 HFM 膜组件 Model-V，这与流体动力学参数和跨膜阻力有关，体现出了反应器的显著降阻提效效果。

在 HFM 膜组件的设计与优化中，压力驱动力与渗透通量有关，较高的动能可能导致较高的能量损耗成本和渗透通量的提高。对于压力驱动的 HFM 膜过程，强化生物反应器中的膜通量和选择性是关键。切向进出口的 HFM 结构设计，基于旋转流动机理的反应器过程强化应用是一种可行的降耗提效方法。

5. 小结

本研究主要针对旋风分离器中空纤维膜组件壳侧模型在雷诺数 $Re=2500$ 的过渡流态下的膜组件壳程流动阻力的特性等展开研究工作。模拟结果表明，HFM 膜组件 Model-T 能获得较高的能量利用特性，如在壳侧和膜壁面附近无振幅的压力系数分布，膜管壁面更均匀的剪应力，说明通过减小膜壁周围的阻力，对调节膜柱壁面的驻点具有重要意义。而且，切向旋流产生的旋转速度较高，颗粒停留时间较短，有利于提高膜通量，减轻膜污染。

实验室研究表明，新建模型具有较高的渗透通量及较低的水力损失，能均匀化膜壁剪应力并降低膜壁周围阻力。同时，Model-T 的渗透通量比是传统模型的 1.56 倍。因此，反应器流动分布是装置设计的重要组成部分，旋涡脱落等流型控制是反应器过程性能优化提升的有效方法之一。

第3章　环境生物检测技术

环境生物检测是利用生物学方法和技术对环境领域的样品进行分析和监测的过程。其主要目的是通过采集样品中的生物成分，评估环境质量、污染物排放情况及生态系统的健康状况。环境生物检测技术广泛应用于生物多样性评估、物种保护以及入侵生物监测等领域。

3.1　环境生物采集监测

3.1.1　大气环境微生物采集监测

3.1.1.1　大气环境微生物概述

空气中的微生物主要来自人类的生活和生产过程，随载体悬浮于空气中。在湿度大、灰尘多、通气不良、日光不足的环境下，附着于尘埃或液滴上的空气微生物不仅数量较多，而且存活时间也较长。

微生物污染的空气，可成为呼吸道传染病传播的媒介。对空气中微生物流动的可视化技术研究，对于理解微生物传播过程至关重要，然而，这部分工作离不开对大气环境微生物种类和数量等的监测。

检测空气中运移的微生物种类和数量，常需要借助采样器，并将采得的空气微生物样品通过培养基培养，最终进行微生物计数。通常认为，影响微生物计数的因素很多，如空气微生物捕获方法、捕获过程中对微生物的杀灭作用、培养温度及培养介质选择等。当前还没有一种能培养所有环境微生物的培养基，特别是立克次体和病毒不能在无生命的培养基中生长。因此，显微镜检测一般作为检测环境细菌和真菌等微生物的主要技术。

3.1.1.2　大气环境微生物采集方法

大气环境微生物常用的采集方法介绍如下。

(1) 沉降平板法

将盛有琼脂培养基的平板置于待测地点，打开平板盖子暴露一定时间，然后进行培养，计数菌落数。实验结果表明，培养基在空气中暴露 1 min 后，每平方米培养基表面上生长的菌落数相当于 0.3 m^3 空气所含细菌数。该方法比较原始，一些悬浮在空气中的带菌小颗粒在短时间内也不易降落在培养皿内，无法确切进行定量测定，但检测方法简便经济，用于高生物浓度空气扩散微生物数量的相互比较是适宜的。

(2) 液体撞击法

液体撞击法亦称吸收管法。利用特制的吸收管，将定量的空气快速吸收到管内的吸收液内，然后取一定量(一般为 1 mL)的液体，稀释(稀释倍数视空气清洁程度而定)并进行平板培养，计数菌落数，并根据气样量计算每立方米空气中的细菌总数。

(3) 撞击平板法

撞击平板法是抽吸定量的空气快速地撞击到一个或数个转动或不转动的表面，然后将平板进行培养，计数生长菌落数的方法。基于旋风分离原理的撞击式采样方法是常用的方法之一，简便易行，近年来得到了较广泛应用，如旋风采样器和集成旋风采样器[51]。

(4) 滤膜法

滤膜法是将定量的空气通过支撑于滤器上的特殊滤膜，如硝酸纤维滤膜，使带有微生物的尘粒附着在滤膜表面，然后将截留在滤膜上的尘粒在合适的溶液中洗脱，吸取一定量溶液进行细菌数测定的方法。

通常，空气微生物常用的检测方法有两种：一是测菌落数，它代表了一定时间内从空中落到单位地面(叶面等表面)上的微生物个数；二是测单位体积空气中浮游着的微生物个数。进行菌落数检测时，首先把一定数量的琼脂平板，均匀地铺设在室内的地板上，打开平板，将琼脂暴露于空气中若干时间，然后在37 ℃恒温箱内培养48 h，计数每个琼脂平板表面的菌落数。

3.1.1.3　大气环境微生物检测注意事项

空气监测通过连续测定不同洁净级别区域空气中微生物和尘埃粒子数量，评估空气质量，以保证洁净的环境状况。空气中沉降菌至少每3个月检测一次。

空气中微生物检测主要采用沉降菌检测法。检测过程中注意事项如下：

(1) 准备相关仪器与材料，如培养基、培养皿、恒温培养箱、高压蒸气灭菌器等。

(2) 利用静态采样法采集样品。在操作全部结束、操作人员离开现场后，净化系统开启至少30 min后开始采样。

(3) 采样点和最少培养基平皿数原则：在满足最少采样点数目的同时，还应满足最少培养基平皿数。

(4) 采样点的位置：采样高度通常为距地面0.8～1.5 m位置；平皿可采用内中外摆放。

(5) 培养基皿暴露：按采样点布置图逐个放置，从里到外打开培养基平皿盖，将平皿盖扣放在平皿旁，使培养基表面暴露在空气中，培养基平皿静态暴露时间为 30 min 以上。

(6) 采样次数:通常每个采样点采样一至三次。

(7) 采样结果检测:全部采样结束后,微生物培养、菌落计数与致病菌鉴别等工作应交由检验科完成,并出具检测报告。

(8) 检测结果判定:每个检测点的沉降菌平均菌落数,应低于评定标准。若超过评定标准,应重复进行采样检测,两次检测结果都合格时,才能评定为符合。

(9) 记录归档:记录检测选用的培养基、培养条件、采样人员、采样时间和检测结果的判定等。

3.1.1.4 大气环境微生物野外采集

大气环境微生物浓度具有时空分布差异,经过设计的旋风式反应器,能够作为采样器更高效地富集采集空气微生物,进行定量分析。经实验研究证实,自主研发搭建的旋风式采样器能够监测野外环境空气中运移扩散的微生物。此外,采样器还可用于显微风洞中的环境微生物采集,能够进行空气微生物富集观测,并开展生物流动可视化研究。

露天煤矿采矿区大气环境微生物的采样现场和采集菌落如图 3-1 所示。

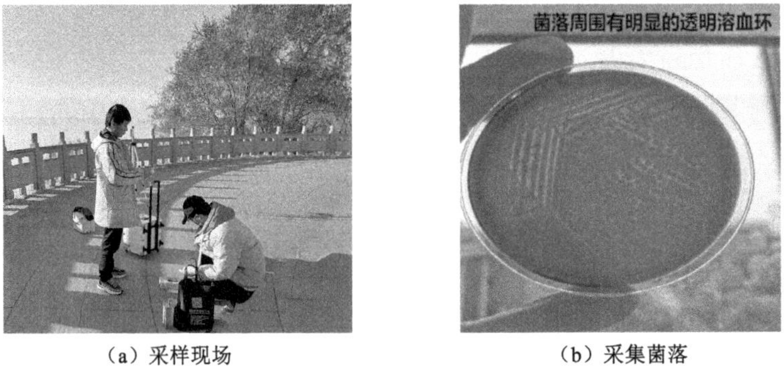

(a) 采样现场　　(b) 采集菌落

图 3-1　露天煤矿采矿区大气环境微生物的采样现场和采集菌落

3.1.2 水环境生物

3.1.2.1 水环境生物概述

本书中水环境生物是指水循环过程中的生物群体，包括细菌、真菌、病毒、微藻等。这些生物在水文环境中发挥着重要的生态功能。水文环境中的细菌数量庞大，种类繁多。有些细菌能够利用水中的无机物合成有机物，为水生生态系统提供能量。另外，一些细菌还能够起到净化水质的作用，可以吸收和转化水中的污染物。除了上述微生物外，水文环境中还存在噬菌体、原生动物等微小生物。这些生物各自在水生态环境中发挥其特定的作用，共同维护水生态平衡和稳定。

3.1.2.2 水环境微藻采集方法

藻类作为水生态系统中的重要生产者，为水生食物链提供物质基础。微藻作为光合利用度高的自养植物，属于低等水生植物，它们通过光合作用将太阳能转化为化学能，并生成氧气。此外，某些微藻如铜绿微囊藻还能固定大气中的氮气，为水体提供营养元素。然而，一些微藻的过度繁殖也可能导致水华现象，对水生生态系统造成负面影响。微藻的浓度对于预测有害海藻的暴发和间接测量水样中富营养化程度具有重要的作用。

微藻生物量是藻类生理生态学研究中的常规监测指标。实验室常用的微藻生物量分析方法很多，包括干重测定法、细胞计数法、浊度法、叶绿素含量测定法等。其中，叶绿素 a 含量测定法基本采用分光光度法，主要是利用分光光度计测定叶绿素 a 的含量，采用有机溶剂丙酮作为萃取溶液。细胞计数法能够反映微藻的生长情况，但是工作量大，费时费力，且重现性较差。

总体上，无论是细胞计数法还是叶绿素 a 含量测定法，均操作烦琐，耗费时间长，且不适用于连续监测，不利于获得水环境监测的实时数据。当前基于现场采样，利用藻类在线分析仪等实时监测方法，能够获取实时、连续数据，从而对水环境状况作出及时判断。水环境微生物采样，一般遵循以下步骤：

(1) 确定最优采样点：根据研究目的和地表水体的特点，选择具有代表性的采样点位置及个数，进行水样采集。避免在岸边、水流较快或污染较严重的地方采样，以确保样品的代表性。

(2) 准备采样器具：使用无菌的采样瓶、采样袋或其他合适的容器，确保采样器具的清洁和无菌，避免交叉污染。

(3) 采集水样：将采样瓶或采样袋浸入水中，打开瓶盖或袋口，让水自然流入。注意避免水面上的漂浮物和底部的沉积物。根据需要，可以采集不同深度的水样。

(4) 保存、运输和镜检：采集的水样应尽快送至实验室进行镜检分析。在运输过程中，应确保样品低温保存，避免浮游植物和微生物的生长和繁殖。

通过以上采样方法，可以获得具有代表性的水环境微生物样品，为进一步的研究和分析提供基础数据[52-54]。

3.1.2.3 水环境微生物检测技术

1. 水环境微藻自动在线分析

藻类自动在线分析主要基于叶绿素 a 的荧光特性来测定水体中藻类的浓度，灵敏度高，稳定性好。藻类在线分析仪能够自动测定叶绿素 a 荧光值，其值与叶绿素 a 含量呈正相关关系。根据该正相关关系可计算生物量，反映水环境生物量和叶绿素 a 的变化趋势。藻类自动在线分析仪虽然能够实时监测数据，操作简单，但是由于其检测原理和本身构造的缺陷，存在不足之处。

通常传感器直接检测的是水体中蓝绿藻种在蓝光（波长 470 nm）或者红光（波长 620 nm）的照射下发射光的强度，据此推算藻浓度。通常发射的荧光由浮游植物中的叶绿素 a 和蓝藻蛋白引起，但是，存在于水中并发荧光的物质，如颗粒物均会被检测到。因此，藻类自动在线分析仪可对所有的荧光物质进行定量检测却不能对其定性，如果针对某个藻类产生的叶绿素 a，使用该仪器测定的叶绿素 a 的准确度比实验室单个样品分析的准确度差。

而且为了获得准确的监测数据，需要定期对传感器进行校准。要保证所测定的是真实存在于水中叶绿素 a 的成分，只能通过实验室萃取分析水中叶绿素 a 的浓度，然后用该浓度对传感器检测得到的数据进行校准。

可见，利用藻类自动在线分析仪检测水中叶绿素 a 变化趋势，能够掌握水环境整体的变化情况。然而，由于一些地表水体中的蓝藻水华监测任务时间周期长、工作量大，相关监测和管理部门将自动监测方法常态化列为水华监测工作重点。因此将自动智能监测方法与手工监测方法进行比对，以检验其适用性是十分迫切且必要的。此外，目前还有许多成熟的在线自动监测技术和设备可供选择，如电化学传感器法、生物传感器法和远程智能监测系统等。

2. 水环境微藻显微镜分析

地表水体富营养化及其引发的藻类水华是世界各国共同面临的水环境问题，严重地制约着人类的生存与发展。在一定范围内，水体中浮游藻类密度越大，蓝绿藻越占优势。水体富营养化的评价方法有多种，水华微藻光学显微镜检测法是常用的方法之一。光学显微镜检测法操作简便，成本低。该方法通过将采集来的水样品放置在显微镜下，观察其颜色和形态特征，可以初步判断水体中是否存在微藻。

综合多项形貌指标,结合细胞显微图像识别技术,将增强镜检图形信息的可检测性并最大限度地简化数据,从而提高特征抽取、显微图像分割、匹配和识别的可靠性,较为合理。

硅藻是地表水(如江河、湖泊、水库水体)中的一种自养型藻类,具有分布广、种类多、数量大的特点。许多学者开展了大量研究,监测了具有环境指示意义的硅藻属种,如梅尼小环藻[55-57]。辽河流域水源微藻采集中监测到了针杆藻和小环藻,如图 3-2 所示。

图 3-2 辽河流域水源微藻采集及微藻镜检图像

3. 水环境微藻分光光度分析

随着科学技术的不断进步,分光光度计测量方法逐渐被应用于微藻生物质浓度测量。分光光度计测量微藻生物质浓度具有测量方法简单、测量范围广、适用性强等优点[58]。

分光光度计测量方法适用于各种类型的藻类,包括单细胞藻类和多细胞藻类。但是,分光光度计测量方法需要注意样品含水量、操作规范等条件,不能区分藻细胞数量、大小及对光密度的影响。因此,在使用分光光度计进行微藻生物质浓度测量时,需要综合考虑各项因素,并选择合适的测量仪器,如高效液相色谱、流式细胞仪、PRC 仪器。

总体上，丙酮萃取分光光度法具体可见水环境微藻检测的标准 HJ 897—2017，其操作流程已规范化。

3.1.3　土壤环境微生物

3.1.3.1　土壤环境微生物概述

土壤中的微生物是指生活在土壤中的一系列微小生物体，包括细菌、真菌、病毒、原生动物等(图 3-3)。土壤微生物对生态系统至关重要，对自然生态系统土壤肥力、物种多样性和恢复力具有一定的保障作用。人们对土壤

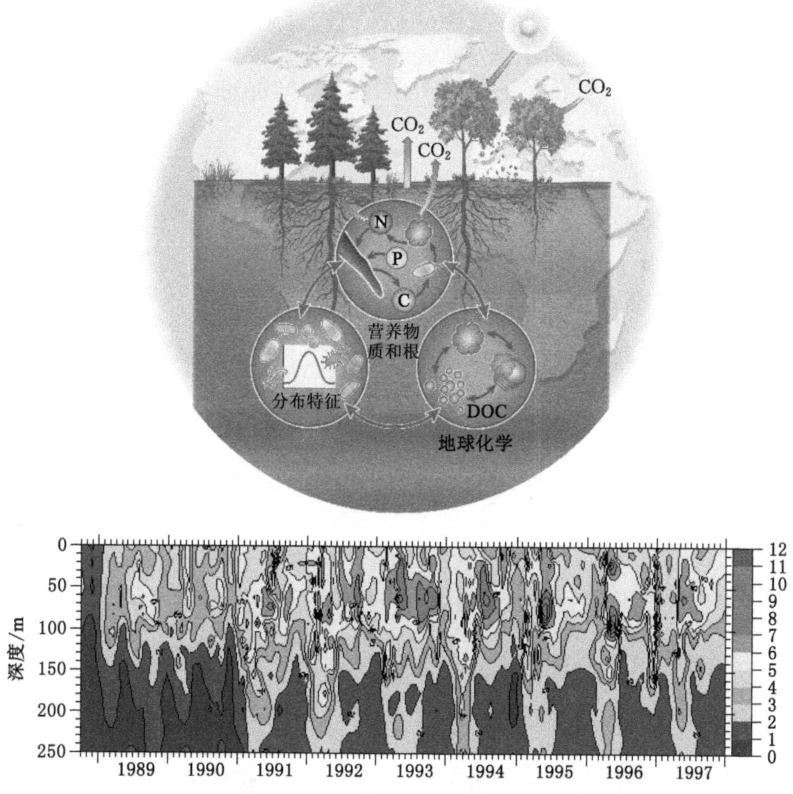

图 3-3　地下土壤的环境微生物循环图（https://ess.science.energy.gov）

微生物知之甚少。通常,土壤微生物很难在野外测量或在实验室中培养,这严重限制了管理土壤微生物的能力,不利于农业及环境管理与研究。

3.1.3.2 土壤环境微生物采样

土壤环境微生物采样技术是一项专门用于从土壤环境中采集微生物样本的技术。这项技术涉及选择代表性采样点,使用专门的工具进行挖掘,然后收集适量的土壤样品。

在整个土壤环境微生物采样过程中,需要严格遵守无菌操作规范,以确保采集到的环境微生物群落不受外界污染物的影响。此外,详细地记录采样点地理信息、气象气候条件、采样时间以及土壤类型等土壤环境条件也是该技术的重要环节。为了保证微生物的活性,样品在保存和运输过程中也有特定的要求。

3.1.3.3 土壤微生物采样步骤与检测方法

1. 土壤微生物采样步骤

土壤环境微生物采样步骤具体如下:

(1) 选择采样点:根据研究目的和土壤环境的特点,在具有代表性的区域选择采样点。避免在近期施用过肥料或农药的地方采样,以免影响微生物群落的真实性。

(2) 准备采样工具:使用无菌的铲子、钻机等工具,确保工具清洁和无菌,以减少污染的可能性。

(3) 挖掘土壤:到达预定深度后,用铲子或钻机采集适量的土壤样品。将土壤样品放入无菌的采样袋或容器中。注意要避免采集到表面的杂质和植物残体。

(4) 记录信息:详细记录每个采样点的相关信息,如地理位置、土壤类型、环境条件等。这些信息对于后续分析和数据解析非常重要。

(5) 保存、运输与镜检:将采集的土壤样品尽快送至实验室进行镜检与分析。运输过程中确保样品的低温保存和避光,维持微生物群落的活性。

需要注意的是,微生物采集过程中的规范性对于确保样品质量至关重要。除了遵守无菌操作规范、尽量避免交叉污染外,为了获得更准确的结果,可以使用多个采样点样品进行定量化的生物显微成像分析。

2. 土壤微生物检测方法

土壤微生物测定对于生产、人类健康和生态环境保护具有深远影响,以下简要介绍三种检测方法。

(1) 稀释平板法:是分离和测定土壤微生物数量和种类的比较常用的研究方法,又称平板计数法。它基于一个基本的假设:微生物能够在培养基中生长繁殖,而且一个微生物细胞只形成一个菌落。

(2) 直接显微镜计数法:将土壤悬浮液制成一定厚度的琼脂薄片,染色后在普通显微镜下计数,根据微生物个体大小、数量、密度及干物质含量,计算其生物量。并且,根据其形态可以大致判断土壤中真菌和细菌生物量的比例。一般地,圆形视为细菌,圆柱形视为真菌,这个方法称为直接显微镜计数法。然而,其最大的缺点在于计数难且费时费力。

(3) 生物化学和分子生物学方法:不同的生物体、细胞壁和原生质组成成分不一样,通过测定土壤中某些特有成分的含量,就有可能计算出土壤中微生物的生物量。目前,用于估计土壤微生物生物量所测定的微生物细胞成分包括三磷酸腺苷(ATP)、脱氧核糖核酸(DNA)、核糖核酸(RNA)、磷脂类、脂多糖、二氨基庚二酸、几丁质等。目前,比较广泛应用的方法是测定土壤三磷酸腺苷(ATP)含量,此方法灵敏度高,但受土壤含磷量等因素的影响。

3.2 环境生物流体可视化检测技术

环境生物流体可视化检测技术常用于评估流体设备的内部流场。例如,可以通过可视化手段直观检验基于光学技术的环境风洞、涡轮机等设备内部的流动是否理想,发现问题并进行流动过程优化。随着计算机技术的发展,环境生物流体可视化可生成逼真的环境流动效果,预测环境生物流动现象的发展趋势。

3.2.1 激光粒子图像测速(PIV)技术

基于激光的粒子图像测速(particle image velocimetry, PIV)是一种瞬态多点、无接触式的流体力学实验技术。PIV 技术能够通过向流场中投加微米级示踪粒子,测量流场的速度分布,具有对流场无干扰、高空间分辨率、流场瞬态测量精度高等特点。

PIV 技术作为一种基于光学的流体测量技术,是在流动显示技术和计算机技术基础上发展的一项平面二维或三维速度测量技术。PIV 通常测量流场某一截面,精度和空间分辨率可与 LDV(laser doppler velocimetry)比较。通常,PIV 技术需向待测流场均匀布撒跟随性好、密度与待测流体相当的示踪粒子,采用片光源照亮某一流动平面,基于垂直于该平面 CCD 相机连续两次或多次曝光,记录粒子运动图像,结合图像处理技术提取粒子位移,并通过相关算法计算粒子的速度矢量,进而得到流场参数的分布。

3.2.1.1 PIV 测试原理

基于激光的多相流测试技术的测速原理主要有相关性原理和多普勒原理。

相关性原理作为速度提取方法的一种，可分为自相关法和互相关法。在自相关法中，相邻两次曝光成像在同一图像上，提取速度时存在速度二义性问题，对零矢量无能为力。目前广泛采用互相关法进行速度处理。互相关法中两次曝光形成两幅不同图像，图像时间序列由拍摄顺序确定，可解决自相关法的问题。

多普勒原理是基于激光的多相流测试技术的一种物理学原理，最早由德国物理学家克劳德·多普勒于 1842 年提出。多普勒原理认为，在一个不变的平面上，每个物体的运动都受所处空间场影响。当波源和接收器相对运动时，接收到的波频率会发生变化。多普勒检测是一种利用多普勒效应进行速度测量和运动状态分析的技术，广泛用于医学、天文学、气象学、交通工程等工程领域的目标流体运动状态分析。

PIV 的测试原理是将跟随性、反光性良好，且密度与流体相当的示踪粒子置于多维流场中。激光器产生的光束经柱面镜散射后变成片光源，平行照射流场内部的一个平面，位于该平面上的示踪粒子反射的光线经光学镜头聚焦后，形成图像，通过对图像速度矢量和时间差的分析，即可得出该平面上的流速分布。流场中某一示踪粒子在二维平面上运动，其在 x、y 两个方向上的位移 $x(t)$、$y(t)$是时间的函数，因此示踪粒子所表征的液体质点的二维流速可以表示为：

$$\begin{cases} v_x = \dfrac{\mathrm{d}x(t)}{\mathrm{d}t} \approx \dfrac{x(t+\Delta t)-x(t)}{\Delta t} = \bar{v}_x \\ v_y = \dfrac{\mathrm{d}y(t)}{\mathrm{d}t} \approx \dfrac{y(t+\Delta t)-y(t)}{\Delta t} = \bar{v}_y \end{cases} \tag{3-1}$$

式中，v_x与 v_y是示踪粒子质点沿着 x 方向与 y 方向的瞬时速度；$\bar{v}_x$与 $\bar{v}_y$是示踪粒子质点沿 x 方向与 y 方向的平均速度；Δt 是测量的时间间隔。

公式中，当 Δt 足够小时，v_x与 v_y的大小可以被精确地反映。姜楠教授等指出,标准的 CCD 设备曝光频率较低,使得 Δt 固定且较大,容易导致测出的速度越不精确[61]。

3.2.1.2 2D PIV 与 3D PIV 测试

对于流速变化不均匀的复杂流场的测试,需要结合高速摄像设备 CCD (charge coupled device)设备配套 PIV,得到二维可视化流场分布图。例如,研究人员通过二维粒子成像技术(2D PIV)测定水塘二维淹没射流流场,得到流场流态、等流函数线、涡量等特征参数分布,测量结果为水塘结构优化提供依据。

需要指出的是,示踪粒子除要具备无毒、无腐蚀、化学性质稳定等一般特性外,还需具有良好光散射性和跟随性;PIV 所测速度为示踪粒子速度,而非所测流场速度。然而,事实上,实际的环境流动问题大多为复杂的三维多相流动,2D PIV 技术测量呈现出较大的误差。这时候,三维速度场的获得对于真实了解多相流动规律具有重要的意义。

三维粒子成像测速技术(3D PIV)是 PIV 与体视三维重建理论的结合[59-61]。该技术能够把 2D PIV 提取的粒子运动位移基于二维统计平均的思想扩展到三维平均,利用视差原理采用两个相机获得不同视角下粒子运动的二维相关信息。与 2D PIV 相比,3D PIV 增加了一个 CCD 相机和一个标定系,一般包括同步器、激光器、两台 CCD 相机、图像采集处理软件、标定镜与标定软件。将 3D PIV 用于开敞式进水池内流场实验研究,获得能够真实反映实际流动的三维流场分布,验证 3D PIV 实验研究的可行性。3D PIV 技术具有较高分辨率和精度,但其空间粒子场多态运动重构存在较大困难。示踪粒子分布存在遮挡问题,在大型工程实际应用还比较困难。

3.2.1.3 Micro-PIV 测试

粒子成像测速技术能够应用于微尺度(1 μm～1 mm)流场测量。场粒子显微成像测速(Micro-PIV)技术将 PIV 与光学显微技术结合,可实现微尺度管道内微米级运动粒子全场空间瞬时速度、位移等定量测量,其空间分辨率和测量精度较高,是微尺度气液两相流涡流流场主要测量手段之一[62]。Micro-PIV 系统主要由显微镜、CCD 高速摄像机、双脉冲激光器、操控平台以及有数据处理功能的计算机等构成。其测速原理与 PIV 相近,但其采用显微观测技术获取运动图像,采用通体照明方式,示踪粒子一般为受布朗运动影响较大的百微米级荧光粒子。用 Micro-PIV 观测微通道气液两相流动特性,指出微通道速度场可由理论计算得到。通过 Micro-PIV 可测得微通道气液柱塞流尾流气泡运动图像和速度矢量图。

3.2.2　LIF 测试

激光诱导荧光技术(laser induced fluorescence,LIF)将分子吸收线频移与荧光辐射线强度变化相结合,通过测量荧光辐射强度实现待测点速度测量[63]。本质上,LIF 属于分子示踪,可实现全场测速。待测流场中示踪物质分子被特定波长激光照射由基态跃迁至激发态,激发态分子不稳定,在基态过程中发出辐射光,该辐射光被称为荧光。CCD 或 ICCD 相机可捕捉荧光光强变化图像,经过软件处理得到相应速度、温度和浓度分布。

平面激光诱导荧光技术(planar laser induced fluorescence, PLIF)采用片光源照亮流体内部一个或多个平面,实现二维测量。LIF 测速时需要同时获得浓度、温度等信息,同时需要测定温度、浓度场[64-66]。LIF 在高速流场测试中虽已广泛应用,但目前实验室内较难找到适合大多数分子吸收光所处频段的激光器。且由于荧光分子平均寿命低,信号强度太小,激光器功率大大增加、探测元件灵敏度要求较高,使 LIF 应用受到限制。

工程中,多相流动多以气液两相流动为主,气液两相传质传热机理至今还不能完全被人们所掌握。LIF 技术用于两相 PIV 相分离研究,可实现不同相粒子分离。其原理是向气液两相流中布撒一定数量荧光粒子示踪液相,激光诱导荧光粒子发射与原入射光波长不同的荧光,气相采用气泡示踪,气泡散射光波长与原入射激光相同,通过光学滤波器实现气液两相分离。用 PLIF 和 PIV 对风沙流气固两相流动特性进行研究,可分别获得气固两相运动粒子图像对,能够得到各相速度分布。也可用 PLIF 和 PIV 研究垂直下降管内气液两相环流运动特性。LIF 技术还测定了水平管内高速气液两相液膜剪切流动特性[67]。

3.2.3 PIV 装置搭建与实验测试

通过搭建流场 PIV 观测装置,能够了解环境流体流动特征。例如,在切向进出口反应器设计的基础上,建立膜组件壳侧流动观测的 PIV 实验装置,如图 3-4 所示。搭建的 PIV 测试装置包括激光器、CCD 相机及图像处理系

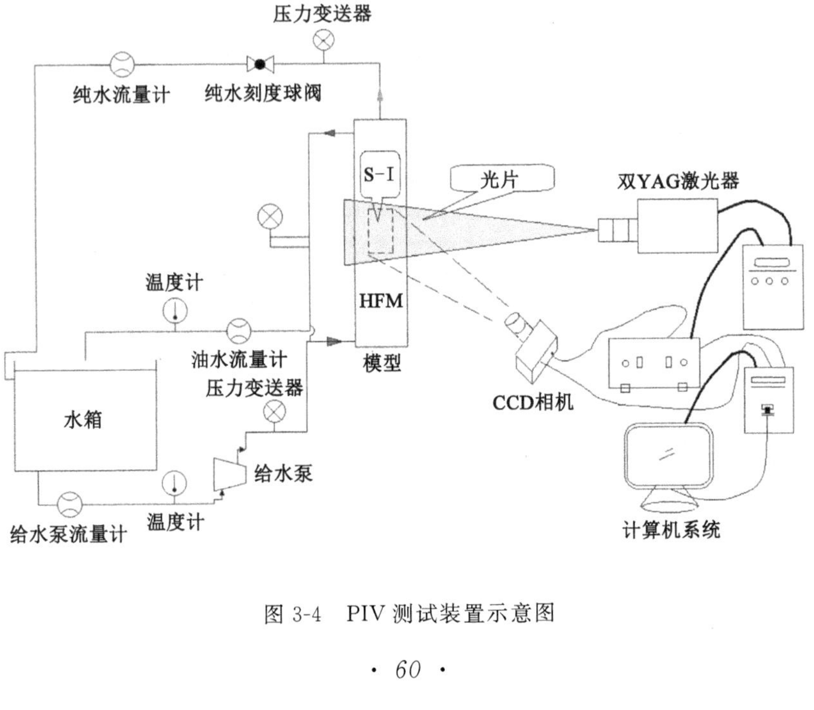

图 3-4　PIV 测试装置示意图

统等，标定工作还需要一块标准板，将其准确放置到和片状照明光束严格共面位置上。

由于激光粒子测速PIV技术是非接触式的，对流场的干扰极小。2021年采用PIV技术，通过实验研究Taylor-Couette光生物反应器内的藻流流场，证实了明暗区藻液的迅速流动和气泡造成的较短光合切换时间有利于小球藻产率的提高[67-68]。总的来说，激光粒子测速PIV技术为流动领域的研究和应用提供了强大而有效的工具，推动了生物流体流动的非接触式测量技术进步。

第4章 环境流动模拟研究

计算流体力学模拟的通用软件众多，如 ANSYS-Fluent、ADINA、COMSOL，能模拟从不可压缩到可压缩、层流与湍流、传热与相变、化学反应与燃烧、多相流与颗粒流、旋转机械、动网格、气动噪声、材料加工、燃料电池等众多过程。计算流体力学模拟流程包含前处理、求解及后处理。在过去十年中该技术在生物流体环境中得到了广泛应用。

4.1 液-液多相螺旋管式反应器模拟

在石油、化工、环保等领域中，多相流体的分离是一个重要的处理环节，旋流式多相流分离器作为一种有效的分离多相流体的反应器，可利用旋流产生的离心力来实现不同相态流体的分离。多相流体进入分离器后，通过特定的入口结构产生旋流运动。在旋流过程中，不同相态的流体由于密度、黏度等物性差异，受到离心力的作用不同，实现分离。例如，在油水分离中，由于油的密度小于水，旋流时油会向中心聚集形成油核，而水则向外侧移动，从而实现油水的分离。旋流式多相流分离器具有结构简单、处理能力强、分离效率高等优势，可以实现不同相态流体的高效分离[68-73]。

螺旋管式反应器是一种结构紧凑的旋流式多相分离器。它可利用螺旋结构产生离心力，再通过离心作用，使重相沿螺旋管的外侧流动，而轻相沿螺旋管的内侧流动。下文针对具有表面微观结构的锥形螺旋管，通过计算流体动力学计算和实验，研究管道中的油水两相流动特性和分离效率。

4.1.1　几何模型构建

锥形螺旋管的几何参数如图 4-1 所示。

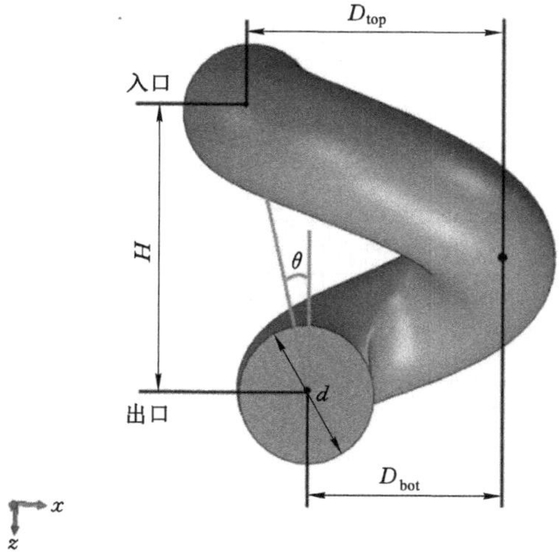

图 4-1　锥形螺旋管的几何参数

图 4-1 中，D_{top}为顶部直径，D_{bot}为底部直径，H 为管高度，θ 为圆锥角，d 为管直径。螺旋管的平均圆锥直径 D，可利用下式计算得出：

$$D = 1/2(D_{top} + D_{bot}) \tag{4-1}$$

对于锥形螺旋管，顶部直径 D_{top}大于底部直径 D_{bot}。螺旋管圈数 n 为 2.5，螺旋管圆之间的高度即螺距高度 h 由 15 mm 变为 50 mm。详细的几何参数见表 4-1。为评价锥形螺旋管的分离性能，以螺旋管脱油过程为例，根据表 4-1 中的锥形螺旋管尺寸做进一步的研究。

表 4-1 锥形螺旋管的几何参数

序号	θ/(°)	D_{bot}/mm	D_{top}/mm	h/mm	d/mm	螺距比($PR=h/d$)	旋绕比($WR=D/d$)
0[a]	0	83.5	83.5	50	10	5	8.35
1	15	50	117	50	10	5	8.35
2	30	50	194	50	10	5	12.2
3	45	50	300	50	10	5	17.5
4	60	50	483	50	10	5	26.65
5	90	50	300	50	10	5	17.5
6	15	50	117	50	8	6.25	10.4
7	15	50	117	50	6	8.33	13.9
8	15	50	117	50	4	12.5	20.875
9	15	50	103.6	40	10	4	7.7
10	15	50	90.2	30	10	3	7
11	15	50	76.8	20	10	2	6.3
12	15	50	70.1	15	10	1.5	6

[a]对于非锥形螺旋管：$D_{bot}=D_{top}$。

4.1.2 数值模拟

建立基于雷诺时均 NS 方程(Reynolds-averaged Navier-Stokes equation)的三维 CFD(computational fluid dynamics)模型。现对 CFD 模型的湍流模型、多相流模型和边界条件进行具体描述。

1. 湍流模型

湍流模型的选择对于计算流体力学的计算非常重要。例如，k-ε 湍流模型在模拟圆形旋转流时表现更好。雷诺应力模型 RSM 考虑了湍流各向异性流线曲率、旋流旋转和高应变率的影响。因此，雷诺应力模型能够对复杂的旋转流流动给出可靠的预测，如燃烧器中的高旋流、旋转流通道和管道中的应力诱导的二次流动。在随后的 CFD 计算中，雷诺应力模型被用来预测螺旋管道中的流场。

2. 多相流模型

多相流模型包括 VOF(volume of fluid)模型、Mixture 模型和 Eulerian 模型。VOF 模型是由 Hirt 和 Nichols 提出的不相融流体交界面追踪技术。因此,本节采用 VOF 模型来预测油水流动行为和分散特性。在 VOF 方法中,将两个相看作是两个独立的相进行求解。

3. 边界条件

规定管入口边界条件速度 $U_{in}=0.1\ m/s$,油密度恒定(837 kg/m^3)。在管出口处规定了出口压力的边界条件,壁面采用无滑移条件。

为方便计算,假设流体是不可压缩的。计算结果为非稳态计算结果。时间步长设定为 0.001 s,总计算时间为 12.5 s。动量和体积分数方程的空间离散化处理采用一阶逆风离散方案,进行速度-压力耦合求解。网格采用四面体结构。此外,模型还对入口和出口区域网格进行了细化。

4.1.3　模拟结果与实验验证

为便于观察流动行为,本研究中锥形螺旋管采用聚氨酯(PU)制成,以对 CFD 模拟结果进行实验验证。在锥形螺旋管的末端有两个出口,即油出口和水出口。如图 4-2 所示,出油口($O_{o\text{-}w}$)位于管道内侧,出油口与管路末端截面的距离为 10 mm。出水口($O_{w\text{-}o}$)位于管道外侧,出水口与管道的夹角为 45°。

流体流过管道后,会被分别引导至出油口和出水口,实现油水分离。在这一过程中,我们可以通过测量出水口和出油口处的流体体积以及油的浓度,对比确定螺旋管油水分离的效率。实验的结果与 CFD 模拟预测的结果进行比较。如果实验数据与模拟结果存在差异,可以改进模型,使模拟结果更接近于实际情况。

在油相出口和水相出口处，测量油水混合速度和油相浓度，用于两相流动分布分析。本研究中，油相使用红色半透明的齿轮油，以便清楚地观察油水混合物运动。实验装置被设计为能够观察油水两相的流动特征，锥形螺旋管加工成倾斜光滑的PU管，锥管下端安装两个固定的出口 $O_{w\text{-}o}$（出水口）和 $O_{o\text{-}w}$（出油口）。使用磁力搅拌器使油水充分混合，然后将混合物泵入PU锥形管，离散油滴直径范围在 0.5～2.5 μm。

本实验中，锥形螺旋管的分离效率 E 由出口处油水混合物的体积比计算得到。由于油相为红色齿轮油，红色越深，表明油水混合物中的油含量越高，图4-2中的油水混合物的照片清晰表示了锥形螺旋管油水分离器的油水分离效果。在实验中，油相分离效率 E 由出油口和出水口油体积浓度比值计算。

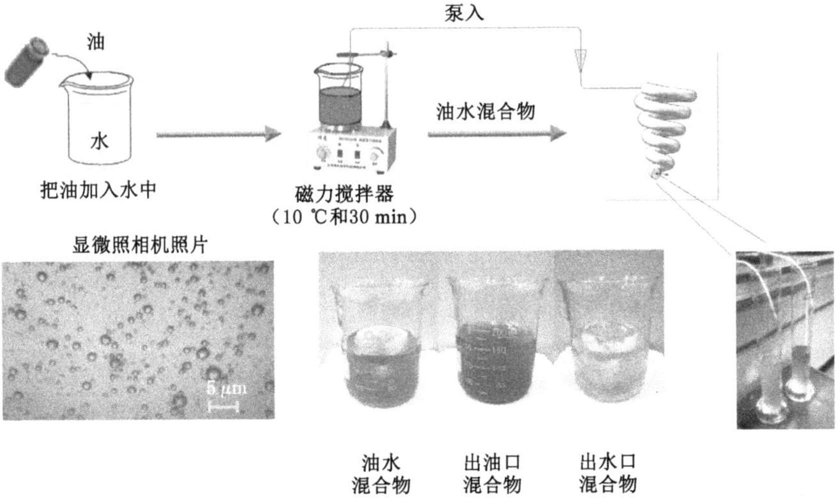

图4-2　实验装置图

$$E=1-\frac{C_{O_{w\text{-}o}}}{C_{O_{o\text{-}w}}}=1-\frac{\dfrac{V_{O_{w\text{-}o}}}{V_{O_{w\text{-}o}}+V_{O_{w\text{-}o}}}}{\dfrac{V_{O_{o\text{-}w}}}{V_{O_{o\text{-}w}}+V_{O_{o\text{-}w}}}}$$

其中，$C_{O_{w\text{-}o}}$ 是出水口 $O_{w\text{-}o}$ 的油相体积浓度，$C_{O_{o\text{-}w}}$ 是出油口 $O_{o\text{-}w}$ 的油相体积浓度，V 代表体积。

油相分离效率 E 的范围是 0～1，E 值越高说明油相分离效果越好，出油口油水混合物颜色越深；E 值越低，油相分离效果越差，出油口油水混合物颜色越浅。

为了验证模拟结果，选定的螺旋管模型几何参数条件是锥角 θ 为 15°，n 为 2.5 圈，t 为 50 mm，D_d 为 50 mm，d 为 8 mm。油水相的进口压力被用于验证模拟结果，从表 4-2 中可以看出模拟结果和实验结果具有较好的一致性。操作温度为 5 ℃，油相浓度为 10%，试验压力是由在线压力传感器测得的，测量范围在 0～20 kPa 之间，精确度为±0.5 kPa。实验进口总压力为接近 180 s 内测得的压力平均值，取样时间间隔为 10 s。其中，进口压力的最大值为 5 025 Pa，最小值为 3 550 Pa。

表 4-2　锥形螺旋管的实验验证

进口速度	实验进口总压/Pa	模拟进口总压/Pa	差值/%
v_i=0.1 m/s	4 445	4 299.34	3.39

相比于常规的螺旋管，对于不同锥角的锥形螺旋管，油相和水相界面靠近螺旋管内侧的程度不同。如图 4-3 所示，管截面角 ω 随着锥角 θ 的变化而变化。当锥角 θ 为 15°时，油水界面是倾斜的。相比于常规的螺旋管，在较低的螺旋管距下，可以看到更明显的油水相界面，界面倾斜且波动。

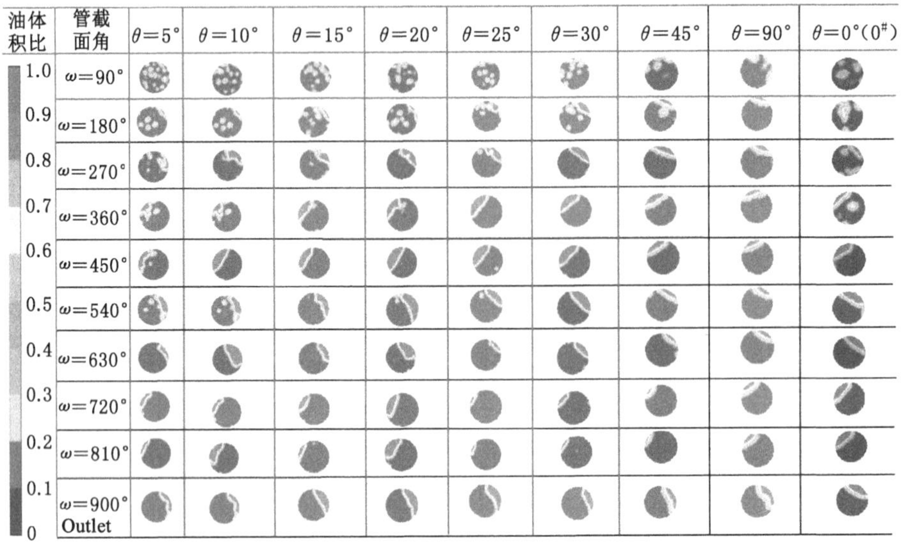

图 4-3　水油两相中的相态分布云图

可见，随着雷诺数的增加（也就是液体黏度的降低），油膜变得不稳定，并产生剧烈波动。除了液体黏度的影响，锥形螺旋管的离心力稳定性影响也对狄恩数 De 起作用[74]。因此，为了理解油水流动特性和二次流运动，这里将对螺距比的影响进行分析。

由于多相流分离机理复杂，迄今缺乏有力的数学模型研究方法。考虑到锥形螺旋管的流体力学原理，本研究引入了雷诺数 Re、狄恩数 De。其中，Re 表示流体流动中惯性力和黏性力的比值。De 考虑了弯曲管道中流体的离心力和黏性力。雷诺数和狄恩数被用于描述在不同进口速度下，二次流和黏性油水混合物分离特性的关系。在不同螺距比时的油水分离实验研究中，d 为 10 mm，锥角为 15°，操作温度为 5 ℃，油相浓度为 10%。图 4-4 表明，油相分离效率 E 不仅和 Re 相关，还和 De 相关。在不同的流量下，油相分离效率 E 随着螺距比的变化而变化。随着流量的增加，分离效果逐渐变

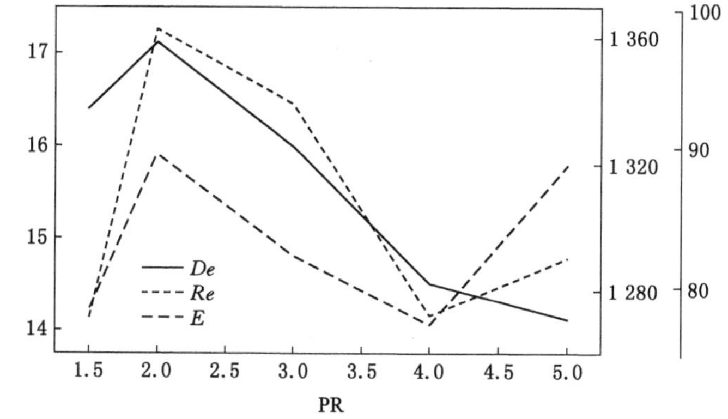

(a) Q_i=0.056 5 m³/h

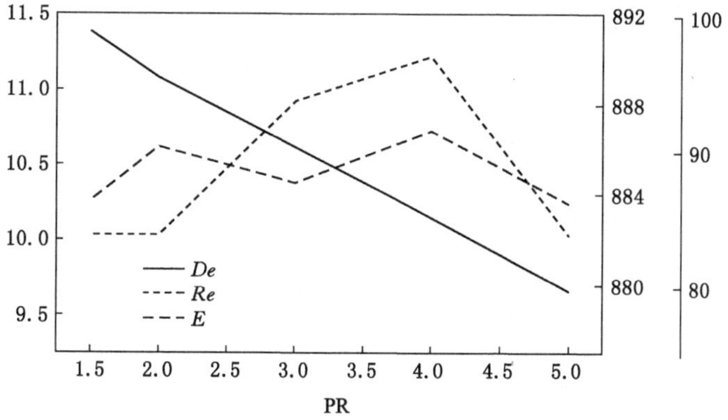

(b) Q_i=0.038 m³/h

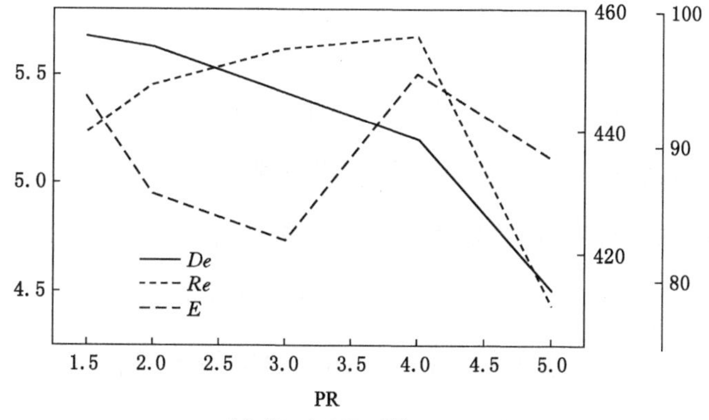

(c) Q_i=0.019 m³/h

图 4-4　不同流量 Q_i 下，雷诺数 Re、狄恩数 De、油相分离效率 E 随螺距比的变化

差。其原因可能是随着锥角和平均圆锥圈径的降低,离心力逐渐下降,二次流形态的反向旋转的涡流被抑制,进而导致油相分离效率下降。

通常粗糙度高且充分润湿的表面在水中会表现出好的亲水性,表面具有黏附油行为,如超疏水亲油海绵。当操作温度为 10 ℃时,研究内表面光滑的 PU 锥形螺旋管、3D 打印的表面粗糙锥形螺旋管、管内侧涂敷石墨烯的锥形螺旋管[图 4-5(b)]以及 V 形微结构锥形螺旋管[图 4-5(a)]其表面微结构在油水分离过程中的影响作用。

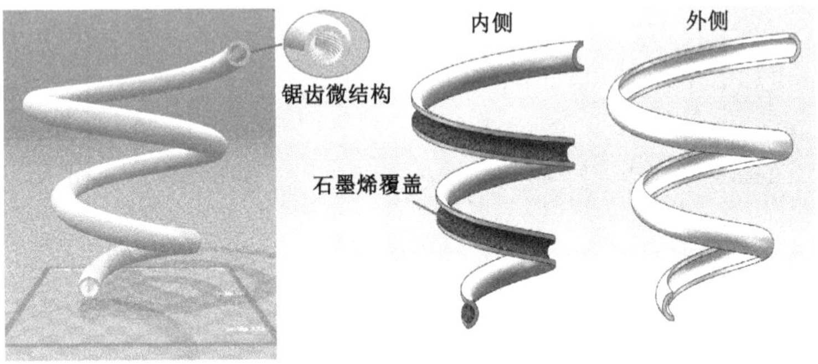

(a) V形微结构锥形螺旋管　(b) 内侧被石墨烯覆盖的锥形螺旋管

图 4-5　锥形螺旋管表面结构处理示意图

V 形微结构锥形螺旋管的管壁内侧有锯齿微结构,锯齿数量为 36,每十度是一个锯齿,锯齿高度为 2 mm,它们整齐地沿圆周分布在锥形螺旋管的内壁侧。锥形螺旋管内壁涂覆着疏水的石墨烯涂层。石墨烯涂层由 8%石墨烯粉末、1.5%碳纳米管、环氧树脂和环氧树脂固化剂组成。

表面粗糙度结果由测试仪 Mitutoyo SJ-310 测得,测试发现,光滑的 PU 锥形螺旋管表面粗糙度低,3D 打印粗糙锥形螺旋管表面粗糙度高,详细数据见表 4-3。

表 4-3 中,R_a 是算数平均粗糙度,R_y 代表高度最大值,R_z 代表微观不平

度十点高度。由表 4-3 可见，3D 打印粗糙锥形螺旋管具有更大的表面粗糙度，最大值为 68.28 μm；光滑的 PU 锥形螺旋管表面粗糙度较低，最大值只有0.56 μm。V 形微结构锥形螺旋管和内侧覆盖石墨烯锥形螺旋管由 3D 打印机制造，与 3D 打印粗糙锥形螺旋管有着相同的表面粗糙度。

表 4-3　表面粗糙度结果

螺旋管	R_a/μm	R_z/μm	R_y/μm	平均偏差
光滑的 PU 锥形螺旋管	0.10	0.37	0.56	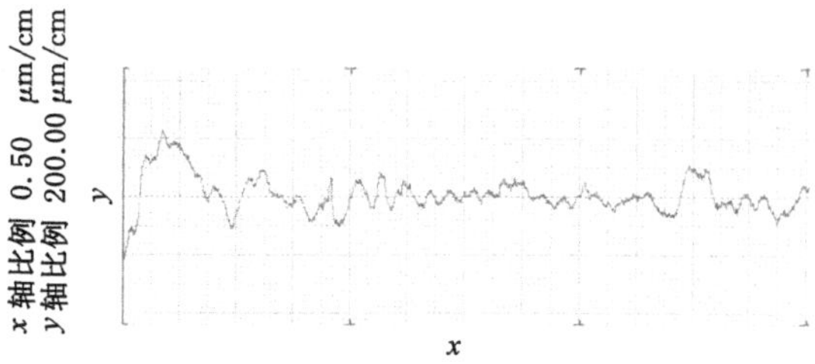
3D 打印粗糙锥形螺旋管	14.72	51.81	68.28	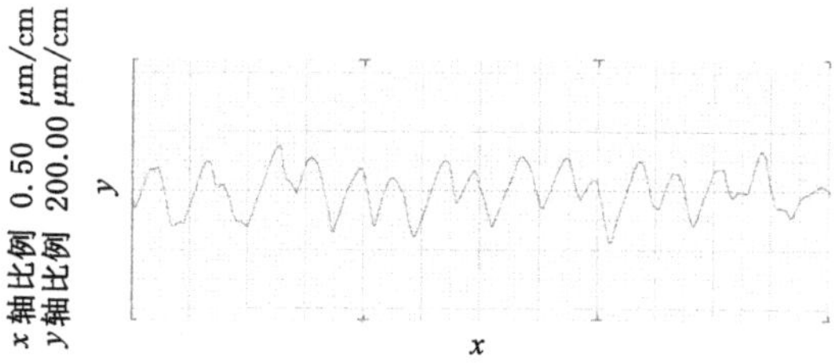

由图 4-6 可知，在较高的进液流量下，3D 打印粗糙锥形螺旋管可以获得更高的油水混合物分离效率。V 形结构和内壁涂敷石墨烯的锥形螺旋管在进口速度 v_i 为 0.2 m/s 和0.3 m/s时可以得到更高的分离效率。这是由于混合油膜更容易黏附于螺旋管内部的石墨烯涂层，进而形成 SOD-Do-o/w-w 或 OP-o/w-w 流型，强化油水分离。

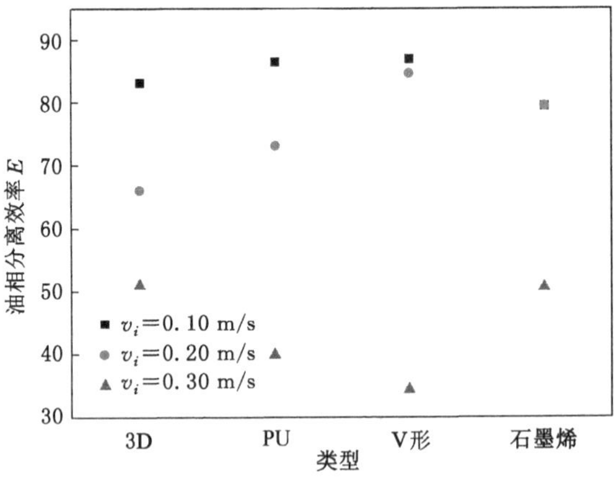

图 4-6　不同壁面微结构下油相分离效率

4.1.4　小结

本实验通过数值模拟和实验的方法系统地研究了互不相溶的油水两相在锥形螺旋管中的流动状态及分布特性，并对油水分离过程的锥形螺旋管进行了设计、模拟、实验、机理分析与优化，分析了不同几何参数如圆锥角度、螺距比、管内径和出口分流比的影响；不同操作参数如雷诺数、狄恩数、油相浓度及不同温度下的分离效率与压力降的规律性；并对流型、油水间的速度差、油相分离效率也进行了探究。此外，锥形螺旋管分离器的壁面微结构对油水分离特性的影响，也通过实验进行了进一步的分析。

在模拟研究中，相界面特征和壁面剪切应力曲线由 RSM-VOF 模型模拟得到，模拟结果同样显示，相比于普通螺旋管，锥形螺旋管的油相界面倾斜于内侧。而且，锥形螺旋管的优化结构可以在管内侧获得较低的壁面剪切应力，进而抑制油相乳化，增强油水分离效率。

4.2　气-液-固多相流气升环流式微藻光生物反应器模拟

光生物反应器的设计是大规模微生物培养的重要课题。微藻光生物反应器的设计策略之一是对质量传递、光传递、碳吸收动力学、藻类流体动力学和结构参数等进行建模。模型研究发现，带倾斜挡板的曝气平板 PBR (photobioreactor)模型对微藻的生长速率有显著影响，该模型具有恒定的流体速度和较大的传质效率[75-77]。一些气升式光生物反应器具有不均匀二氧化碳分布，导致生长中部分区域微藻的富集[78]。

多板气升式光生物反应器(AL-PBR)模型增加了微米气泡，可以提高微生物的生长率[79-80]。然而，这些气泡的破裂往往会导致对剪切敏感的微藻细胞壁的破坏。一种带有挡板的新型 PBR 有助于提高气体停留时间，降低剪切作用。

本节将介绍一种 AL-PBR 模型的构建与数值模拟研究的方法，为提升微藻高附加值产物的产率，寻找最适合微藻生长的反应器类型提供科学依据。

4.2.1　几何模型构建

新型的 AL-PBR(图 4-7)和传统的 PBR 相比，内部增加了扰流挡板，主要影响微藻培养过程中的气液传质效率。PBR 从底板注入压缩空气，然后微藻流体在上升微气泡的带动下做周期性运动，从而在 PBR 中形成有规律的微藻细胞群。

AL-PBR 内部的扰流挡板是实现气液传质效率提高的关键。扰流挡板的存在可以增加微藻流体的运动性,使其在气泡的带动下做周期性上升和下降运动。这种运动形式可以有效地提高微藻与气体之间的接触面积,加强气液传质的效果。同时,扰流挡板还能够防止微藻的沉降,使其悬浮在反应器中,进一步提高了微藻的利用率和产量。

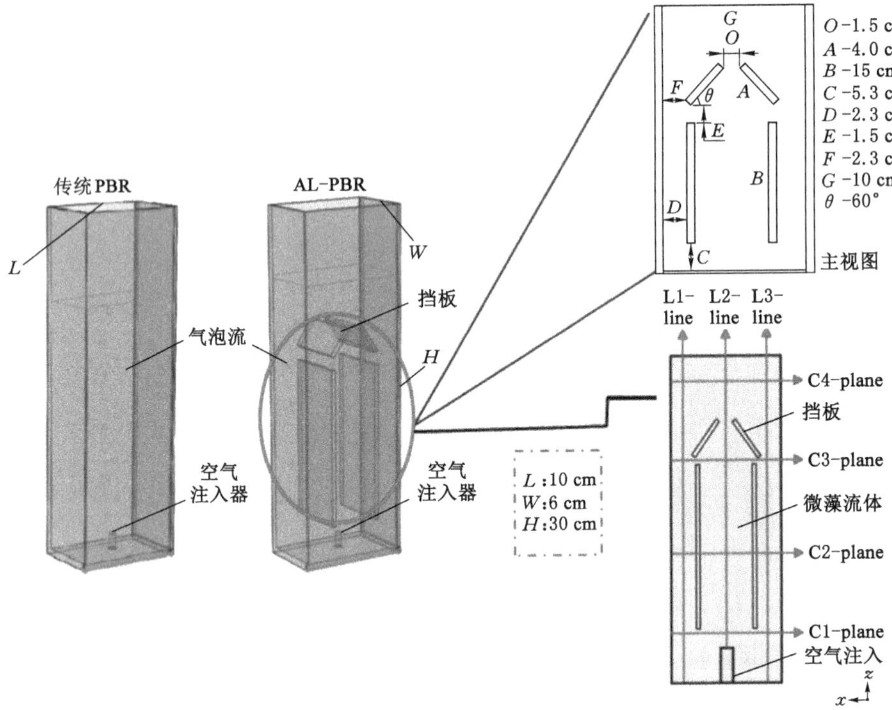

图 4-7　传统 PBR 与 AL-PBR 的结构尺寸

4.2.2　数值模拟

数值模拟采用瞬态欧拉两相流模型来说明 PBR 的流场变化[81]。利用不可压缩的 Navier-Stokes 方程对流动进行预测。质量守恒方程(连续性方程)及动量守恒方程如下:

$$\frac{\partial}{\partial t}(\rho)+\nabla(\rho\vec{u})=0$$

$$\frac{\partial}{\partial t}(\rho\vec{u})+\nabla(\rho\vec{u}\vec{u})=-\nabla p+\nabla[\mu(\nabla\vec{u}+\nabla\vec{u}^{\mathrm{T}})]+\rho\vec{g}+\vec{F} \tag{4-2}$$

式中，ρ 为流体密度，t 为时间，$\vec{u}$ 为流体速度，p 为静压，$\rho\vec{g}$ 和 $\vec{F}$ 分别为重力和外力。双输运方程引入了 Realize k-ε 湍流模型。欧拉两相流模型对于解释传质机制，并应用在 PBR 的气液流动研究中。

4.2.3　模拟结果与实验验证

可利用 CFD 描述 PBR 中的流体动力学特性。

图 4-8 为传统 PBR 和 AL-PBR 在轴向截面上的微藻流体速度云图。我们发现，在传统 PBR 的中心，流体速度高出 2～3 倍，速度梯度大，且呈各向异性，超过了 AL-PBR。由模拟结果可知，传统 PBR 中近壁区有较低的藻类流体速度，但在 AL-PBR 中，近壁区流体速度增加，几乎等于中心区域的流体速度。AL-PBR 的近壁区域具有较弱的波动速度梯度。其可能原因是在 AL-PBR 几何结构中，向上运动的气泡的湍流扰动强度低于环形气泡的湍流扰动强度。

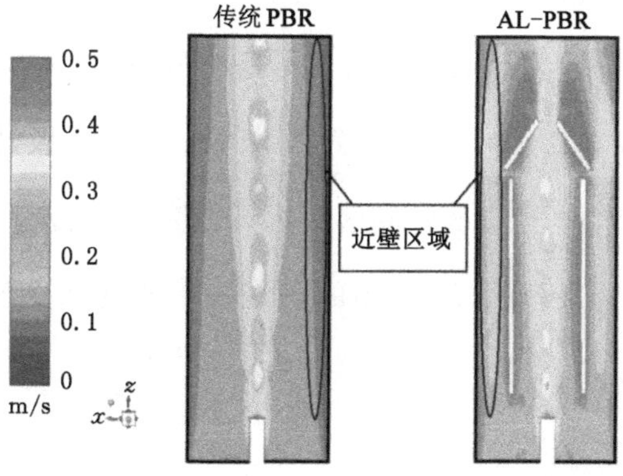

图 4-8　两种反应器的流体速度大小分布

通过对新型 AL-PBR(图 4-9)与传统的 PBR 进行对比研究发现，AL-PBR内部增加了扰动流体运动的成对挡板，主要影响藻培过程中的气液传质效率。AL-PBR 从底板注入压缩空气，藻液在上升的微气泡的带动下做周期性运动，从而在 AL-PBR 微藻藻液中形成有规律的细胞群。

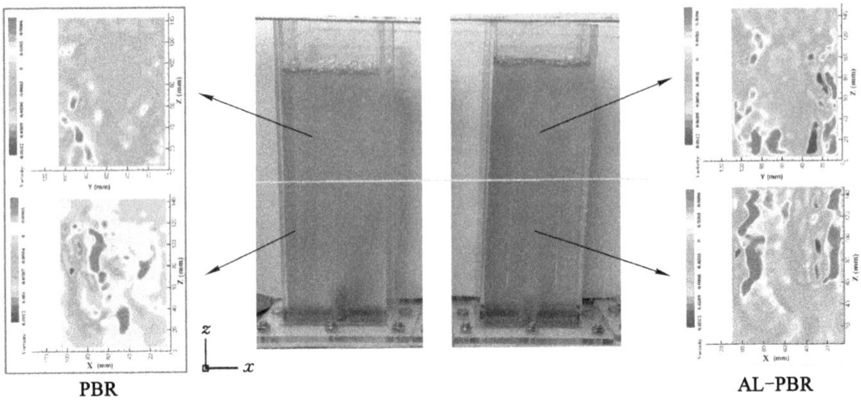

图 4-9　由 PIV 系统捕获的藻类流体涡度大小的时间平均轮廓

在实际情况下，用 PIV(particle image velocimetry)测量装置考察 PBRs 中的涡量大小，与模拟的结果对比，得到了一个关键的结论，保持 PBR 中气液流动的适当混合状态是 AL-PBR 高效运行的关键。图 4-9 为 PBR 和 AL-PBR 的涡量大小轮廓。它显示了沿 AL-PBR 的竖挡板外部区域的强烈湍涡。在 z 轴垂直方向上，z 值较高区域涡量较高；然而，在 PBR 的顶部区域，涡量相对较低。结果表明，PBR 中的藻液多相流混合受流速和涡旋运动方向的控制。

4.2.4　小结

在两种光生物反应器模型培养微藻的实验过程中，发现了稳定的流体流动速度会对微藻物种的生长速率产生截然不同的影响。模拟研究量化了流动对生物生长、生产特性的影响。由此推断,为了提高微藻的生长率、生产效果,设计具有水动力强化效应的光生物培养装置模型能够促进微藻积累更多的营养物质,如脂质、类胡萝卜素,探明细胞生产规律。

4.3 水环境微藻水文循环及风险模型研究案例

水库是我国重要的水资源调节和供应设施,水库中微藻众多。微型水生生物的水文循环对水库的水质和生态环境具有重要影响。研究水库中微藻的生长增殖特征,对于水库管理和水资源利用具有重要意义[82-83]。

近年来,湖库型水源地水华问题对水质产生不利影响,备受国内外学者关注。水库中微藻的大量繁殖可能导致水库水体富营养化和浑浊,进而影响水质。微藻过量繁殖过程中消耗水中大量氧气,可能导致水体缺氧,对水生生物产生不利影响。此外,部分微藻可能产生毒素,对人畜健康和水生生物造成威胁。微藻对水库生态环境的潜在影响主要表现在水质恶化、水生态系统破坏和水域景观改变等方面。藻类植物的过量增殖会产生微囊藻毒素(MCs)、蛋白结合态 BMAA 毒素等毒性很强的次生代谢产物,通过食物链严重影响人类健康[84]。大量浮游藻类聚集在水表面会降低水体透明度,导致生态系统遭到破坏、水源水质受到污染等一系列连锁反应。因此,研究水华风险程度对水源地管理和水质改善具有重要意义。

湖库型水源地水华受营养盐含量、环境条件及水文特征等内源因素和外源因素综合影响。基于内源和外源两个层面建立评价指标体系,以湖库型水源地为研究对象,构建水华风险可变模糊评价模型,以期精准控制水库微藻,降低水华风险,提高地表水水藻资源利用效率。

4.3.1 引言

微藻，作为地球生态系统中的重要组成部分，呈现出丰富的多样性，包括硅藻、绿藻、蓝藻等。它们不仅以其适应恶劣环境的能力而闻名，更因其快速繁殖的特性而备受关注[85-87]。然而，近年来我国水体中的藻华频繁爆发，水库富营养化问题愈发严重，这对生态环境造成了不小的威胁。

四尾栅藻(图 4-10)是松辽流域的主要藻种之一，对其生长特性的研究不仅对改善水环境有着重要的意义，更有助于推动藻类的资源化利用。这种藻类对 pH 的适应范围广泛，并且具有固定空气中二氧化碳的能力，这为进一步减少温室气体排放提供了新的思路。

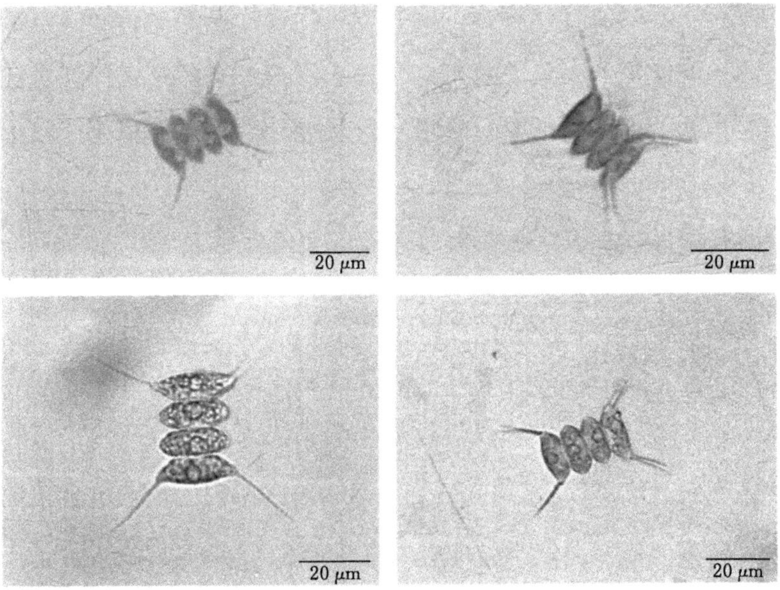

图 4-10 四尾栅藻显微图像

但值得注意的是，四尾栅藻在高剪切力、过低或过高的 pH 条件下都会死亡[88-89]。在偏酸性的培养环境中，四尾栅藻的生长速度会加快，而在光照强度为 8 000 lx 的条件下，它更能迅速适应新环境，缩短细胞的复苏时间。此外，水中的离子浓度水平也是影响藻类生长的关键因素，特别是降水中的营养物质以及由降水引起的营养物质输入，对了解微藻的爆发性生长起到了重要作用。

为了更好地理解微藻的生态特性及生物学机制，并找到控制其生长的关键，深入研究影响其生长的因素显得尤为重要。光照、温度、营养物质等因素对微藻生长和产物合成的影响不容忽视，对这些因素的模型研究可以为微藻的大规模培养和利用提供有力的科学依据。

因此，为了更好地管理和控制微藻的生长，我们必须深入研究水文循环下的微藻生态，生物模型可以为我们提供关于微藻生长的宝贵信息，为我们制定科学、有效的环境管理策略提供了理论支持。这样的研究不仅有助于我国的水资源保护与利用，并且为实现环境可持续发展打下科学基础。

4.3.2 模型构建

在探究降水中营养物质对水库微藻生长的影响实验中，考虑到实际降水中主要营养离子的浓度可能是影响微藻生长的关键因素，选择其作为主要的实验变量[90]。同时，为了更全面地了解微藻的生长状况，在模型研究中也纳入了不同的光照强度和降水 pH 值作为实验参数。

通过自主搭建实验模拟装置开展模拟研究，建立降水化学的微藻生长公式，构建微藻生长模型。在这个过程中，不仅要考虑营养离子浓度的影响，还需充分关注藻的种类、温度、光照强度以及降水 pH 值等一系列关键因素的协同作用[91]。

培养微藻的光生物反应器类型多样且颇具实用性。其中包括管式反应器、板式反应器以及跑道池式反应器等常见样式，它们在设计上各具特色。

通过图 4-11,可以更加直观地了解到能够满足不同领域需求的光生物培养条件下的生物反应器形态。

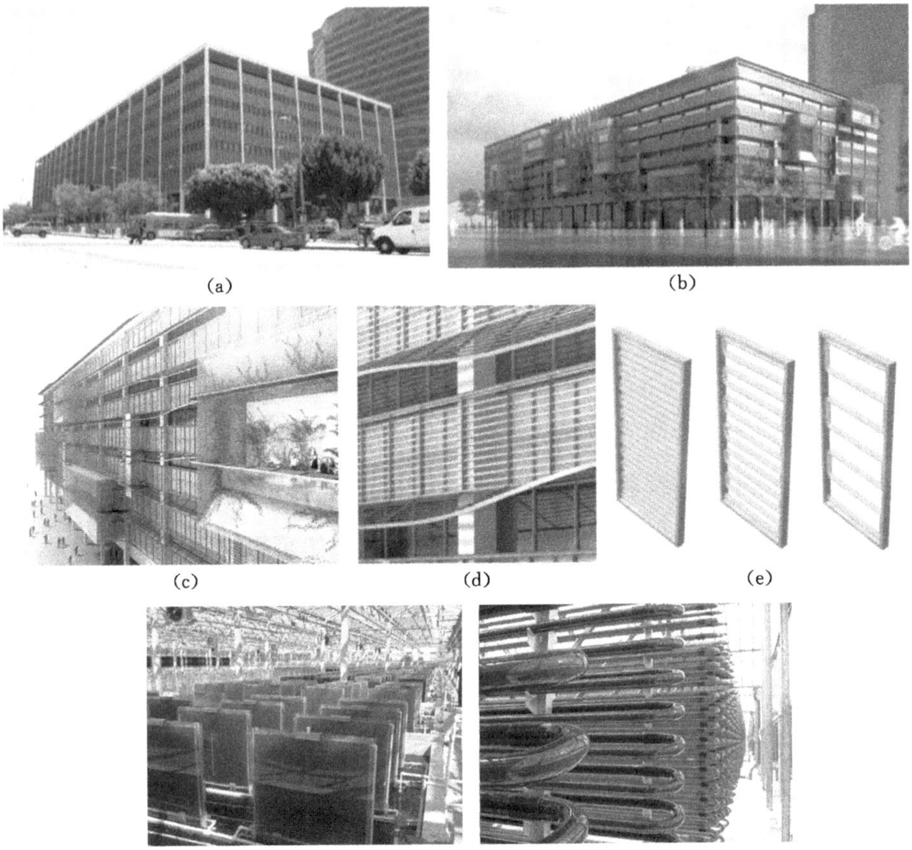

(a) (b) (c) (d) (e) (f) (g)

图 4-11 各种类型的微藻光生物反应器[92]

反应器的性能往往通过模型的方法进行研究,模型的准确程度决定了研究结果和实际情况的吻合程度。为了构建更加精确的数学模型,将实验模拟值与实际情况进行比对。同时保持实验中使用的数据与研究区域的环境条件的高度近似一致,以确保实验模型能够更真实反映实际情况。通过实验模拟可以更加深入地理解微藻在降水条件下的生长状况,并为水库微藻爆发式生长提供依据。

4.3.3 模型验证

在对微藻生长影响研究的基础上，进一步扩展研究了水库水和降水水样对藻类生长的影响。为了确保实验的准确性和真实性，以实际采样水中阴、阳离子浓度作为实验条件，并采用线性回归分析方法来对比研究各个因素的影响。通过这些方法，可以量化光照强度、流量、pH 值以及各种营养物质离子浓度等因素对微藻生长的影响程度。

为了更全面地描述微藻的生长过程，环境过程常需要建立微藻生长的多因素耦合方程。在方程中，通过引入多个影响参数，校正和优化模型的预测性能[93]。此外，搭建 PIV 实验验证平台（图 4-12），也可以计算出不同水力环境条件下藻液中的微藻分布情况。

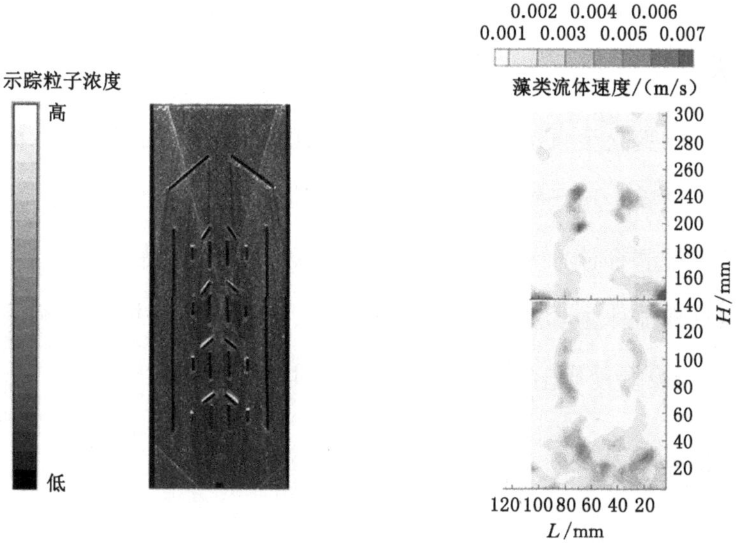

图 4-12　PIV 验证的微藻光生物反应过程[94]

采用新构建的方程对水环境微藻生长进行模拟验证,能够获得更准确的数据。经与外场观测数据的对比,评估模型的准确度和可靠性得到验证。可见,模型验证过程有助于证明评估实验结果科学性,提供了生物反应过程改进和模型优化的机会。

4.3.4 藻华风险预测

藻华风险的预测是一个复杂的过程,涉及多个影响因素的综合考虑。一般情况下,可以利用数学模型和计算机模拟来预测藻类的生长和藻华的发生。这些模型常常基于藻类生长的动力学方程,考虑了光照、温度、营养物质等因素对藻类生长的影响,可以整合多种环境参数,模拟藻类生长的生理和生态过程,从而提供地表水源环境风险的定量评估。

数学模型能够将多个环境参数整合到统一的框架中。例如,通过将水温、光照、pH、营养盐等数据输入模型,可以模拟出不同情景下藻类的生长情况,进而评估藻华风险。

降雨量的变化会直接改变水体的营养盐浓度、光照条件等,从而影响藻类的生长。随着全球气候变化,越来越多的城市出现了极端降雨降雪,多种化学组分随地表径流大量引入水体造成污染。综合考虑这些因素,通过数学模型与计算流体力学模拟,科学家们可以更系统地分析各影响因素下的藻华发生风险,提前作出预警,为决策者提供应对措施的建议。

4.3.5 小结

水库是我国重要的水资源调节和供应设施,微藻的生长对水库的水质和生态环境具有关键影响。近年来,湖库型水源地微藻的大量繁殖导致水体富营养化、浑浊,甚至产生毒素,对人类和水生生物健康构成威胁。水生微藻的生长特性和水动力学作用机制是研究的重点。

作为我国七大流域之一的松辽流域，主要藻种的生长特性与环境适应性的研究对水环境改善有重要意义。通过构建区域地表水资源水华风险评价模型，可以更精准地控制水库微藻，降低水华风险，加强微藻的资源利用效率。而且，深入研究微藻的生长影响因素和水动力学机制，构建数学模型，可以有效地管理和保护水库水资源，降低水华风险。针对我国辽河流域微藻资源丰富但微藻图像数据不足情况，构建微藻图像数据库，能够满足区域水环境微藻资源建模及水资源高效利用需求。

第5章　基于环境生物流动模拟的水文循环和生物循环研究

5.1　概述

大气、水、土是人类生产生活不可或缺的自然资源，也是生物赖以生存的环境。开展水文循环下的生物循环研究有助于探明环境变化规律，然而面临较大的挑战。

水文循环过程是水文学中的概念，即水分子以不同的方式，包括降水、下渗、地面径流和地下径流、蒸发等，在大自然中形成的循环往复过程。水文循环受到诸多因素如生物循环、物质循环、能量循环、微生物循环等的影响。

生物循环，也被称为生物圈，是指生物体产生、传递、处理和利用物质以及能量的一种过程。它是一种复杂而一致的自然过程，贯穿着整个生态系统。生物循环的原理是：物质和能量在生态系统的不同组件之间进行循环，使生物体可以获得需要的营养物质，维持自身的正常生活，保证生态系统的和谐。

物质循环，是指物质在生物体和它们以外的环境中循环。生物体通过摄入食物吸收有机物质，消耗有机物质获取能量，而释放的废弃物质（如碱性尿液或者酸性胆汁），可以被其他生物重新利用。由此，物质循环形成了一个闭合的生物环境，使生态系统的每一部分都能从中获取能量和营养物质。

能量循环，是指生物体消耗有机物质，获得含能量的有机物质，并将其释放出来，即能量的循环。自然界的有机物质主要来源于太阳光照，经由植物的光合作用，将太阳光转换成化学能，进而存储在有机物质中；而消耗这些有机物质的生物体，可以从中获取能量，以满足其生理需求。因此，能量循环是自然界中最重要的循环，它贯穿了整个生态系统，使生物体可以获得必要的能量，以便维持正常的生活。

此外，还有一种称为“微生物循环”的生物循环，也会对水文循环产生影响。微生物循环是指微生物将看似无用的物质，如氮、磷等复杂有机物质，分解成单独的元素，并将其传递到生态系统中的其他部分，使得其他的生物可以消耗这些元素，以满足其生理需求。

5.2 流域的水文循环与生物循环模拟

近年来，随着计算机技术的发展，环境流体流动模拟为水文循环和生物循环过程研究开辟了新道路。利用计算机进行模拟计算或实验，通过调节方程参数值揭示微生物特征变量的意义。数值模拟基于计算机技术，采用各种离散化的研究方法（如有限差分法、有限元法等）建立数值模型，将生物循环现象应用数学语言加以描述。数学建模既能够定量评估微生物微环境各因素的作用，又能够结合计算机技术和生物影像模拟微生物迁移现象。

在过去的三十年间，有限元、有限差分等数值模拟的方法已经广泛应用于环境研究。将生物影像、环境流体动力学的方法以及水文学、生态学的理论同数学建模有机结合，能够定量评估城区微环境各因素的相互作用。研究水文循环下的微生物微循环过程，利用微生物学、数学和力学的理论和方法，有可能在一定程度上解释环境流动对微生物群落分布的影响，为环境微生物的监测与预防利用提供参考。

5.2.1 城市降水事件的微生物输移研究

5.2.1.1 引言

城市水生态系统是气候变化的哨兵，对气候变化响应极为敏感。例如，温度和降水等气候因素的变化，加速了冰川、永久冻土的融化，地表水蒸发量升高，进而影响地表水微生物群落组成。研究发现，不同气候条件下，不同地区细菌丰富度和群落组成存在明显差异，并且年均温、年降水与湖泊细菌丰富度呈显著相关关系。

一般来说，微生物群落会对降雨产生响应。大量研究表明，降雨会影响细菌丰度和多样性的变化，但不显著。通常，细菌网络比真菌网络更复杂、更稳定，更具有适应能力。降雨增加会增大真菌网络的复杂性和稳定性。降雨对微生物多样性的影响缺少量化研究。

研究人员在黄土高原上进行降雨对微生物影响的研究，结果表明，降雨对细菌群落丰度和多样性都有显著影响。可见，生物循环作为保护生态系统的必要条件，其在水体-大气-土壤环境中的作用影响着流域生态系统的稳定。

5.2.1.2 采样与测定

开展大气降水微生物研究，首先需要采集大气降水。城区季节性的雪/雨水和空气样本的收集通常需要选取代表性采样点。本实验地表降水采自我国两个城市的住宅区。

(1) 采样点的确定

第一个采样点位于 TJ 站点(39°4 N,117°8 E),区域特征为温带季风气候,海拔 146 m。采样点城市占地面积超过 11 966 km^2,拥有众多行业,工业生产总值为 16 310 亿元。

第二个采样点位于 FX 站点(42°2 N,121°39 E),位于辽西地区,海拔约为 7 m,属于北温带季风气候。采样点城市人口 164.7 万,占地 10 445 km^2。这个城市以煤矿开采和农业闻名,工业生产总值为 580 亿元。

对两个城市的 5 个雨雪情景(1～5)的极端降水量进行了检测。所有降水采样点位于城市地区,附近没有明显的人为空气污染源(工业、农业或建筑)。

(2) 降水样品采集

采用自制降水样品采样器,按照《大气降水样品采集与保存》(GB/T 13580.2—1992)标准要求和“逢雨必采”原则,分别于 2018 年 3 月至 2019 年 12 月和 2021 年 1～12 月两个时期采集降水样品。美国环境保护署(EPA)建议含致病菌水样采集体积 0.1 L。疾病预防控制中心(CDC)建议,如果不能采集获得 1 L 水样,则可以收集较小体积水样。自制手动降水采样器由一个直径为 25 cm 的灭菌塑料桶、一个聚乙烯采样袋和一个固定架组成,并配置一个记录降水量的雨量器。采样时,将高纯水处理过的聚乙烯采样袋套在特制的塑料桶内采集降水样品,并记录降水量。降雨结束后立即将采样袋收回,移入 100 mL 聚乙烯塑料瓶中,并置于－18 ℃冰箱中冷冻保存待测。

(3) 空气微生物浓度测定

六级/八级安德森采样器,用于测量环境空气中的细菌浓度和颗粒大小分布,采样气体流速为 28.3 L/min。采样点设置为恒定高度(1.5 m),一般为人体吸入高度。随后,使用营养琼脂平板检测降水中可培养的活菌量,并在 37 ℃下好氧培养超过 72 h。对降水样品中的细菌生物气溶胶特征和可培养细菌种类进行了定量分析。此外,用鉴别培养基检测融雪水样中的可培养致病菌。

(4) 微生物群落的测定

环境样品的采集与保存作为 DNA 提取的起始环节,其操作规范性直接决定了 DNA 提取的成败。而且,成功提取 DNA 是开展微生物群落结构分析的重要前提。在本研究中,环境微生物样本的采集于采样膜片上完成,后续开展 DNA 提取工作。

首先,将采样膜片切割成碎片后,转移至 2 mL 离心管内。随后,利用 DNA 提取试剂盒,通过标准化实验流程,成功获取高质量的细菌基因组 DNA。紧接着,严格依照 Illumina NovaSeq 测序文库生产商提供的操作指南,完成测序文库的制备工作,并通过检测相关吸光度,对制备产物进行质量评估。在从样本中提取总 DNA 样本后,使用特定的引物对 16S rRNA 基因进行聚合酶链式反应(PCR)扩增,获得足够数量的 DNA 片段进行测序。最后,将所得的生物信息数据导入生物技术信息分类中心的分类数据库,通过 16S rRNA 序列比对与检索。

本研究针对 16S rDNA 可变区特定区段(V3—V4)进行 PCR 扩增,再通过高通量测序方法分析环境中微生物群体基因组成,实现采集环境菌株身份的鉴定与样本分类,探究大气降水环境细菌丰度、群落及多样性特征。

5.2.1.3 结果与结论

微生物输移会促进季节性降水中的生物浓度(如与雨、雪相关的细菌),当"生物降水"降落到城区地表,可能增加人群可吸入病菌量。虽然雨雪降水是正常现象，但其在降落到地表的过程中会黏附环境污染物，造成空气、水和土壤的二次生物污染，引起地表环境微生物群落分布的变化，甚至可能引起潜在的健康风险，对其影响机制的结论仍存在较大的争议。

本研究通过对我国两个工业发展水平相当的城市(TJ 和 FX)开展冬、秋季节的生物气溶胶采样，进一步分析了生物气溶胶在六个直径范围内的时空分布。降雪监测时间点被设定为：T_1(降雪，0.5 h)、T_2(降雪，12 h)、T_3(降雪，18 h)、T_4(降雪，24 h)、T_5(降雪后，8 h)和 T_6(降雪后，56 h)。2022 年 2 月 13 日，在 TJ 站点进行采样(1 号雪样)，对暴雪期间及雪后空气生物气溶胶进行了现场监测和分析。

此外，2022 年 10 月 10 日在 FX 站点进行采样(5 号降雪样本)。研究发现，室外空气可培养生物气溶胶浓度(C'_{cb})超过了每立方米 500 CFU/m^3 的参考暴露限值。在冬季，TJ 站点的 1 号雪样的 C'_{cb} 为 591.2 CFU/m^3；在秋季，FX 站点的 5 号雪的 C'_{cb} 为 435.9 CFU/m^3[图 5-1(a)]。值得注意的是，在 TJ 站点的冬季降水中，较小直径(0.65～1.1 μm)生物气溶胶浓度较高，占生物气溶胶总浓度的 33.9%。尽管，在一次降雪中可吸入的较小直径的生物气溶胶浓度相对较低，但在多次的降水环境空气中，可吸入的较小直径生物气溶胶浓度则相对较高。

如图 5-1(b)所示，在 T_1 时段，生物气溶胶浓度占总浓度的 57%、0.65～3.3 μm 范围内的生物气溶胶浓度达到 1 731 CFU/m^3。在 T_4 时段，0.65～3.3 μm 的生物气溶胶浓度相比 T_1 时段降低了 75.5%，1.1～2.1 μm 的生物气溶胶浓度达到了 153 CFU/m^3 的相对高值。在 T_6 时段，1.1～2.1 μm 的生物气溶胶浓度达到 236 CFU/m^3 的峰值。从 T_1 到 T_6 时段，降雪期间空气中的生物气溶胶浓度比(C'/总浓度)在 T_5 时段降至最低(2%)，然后在 T_6 时段增至 9%，较 T_5 时段增大了 4 倍。

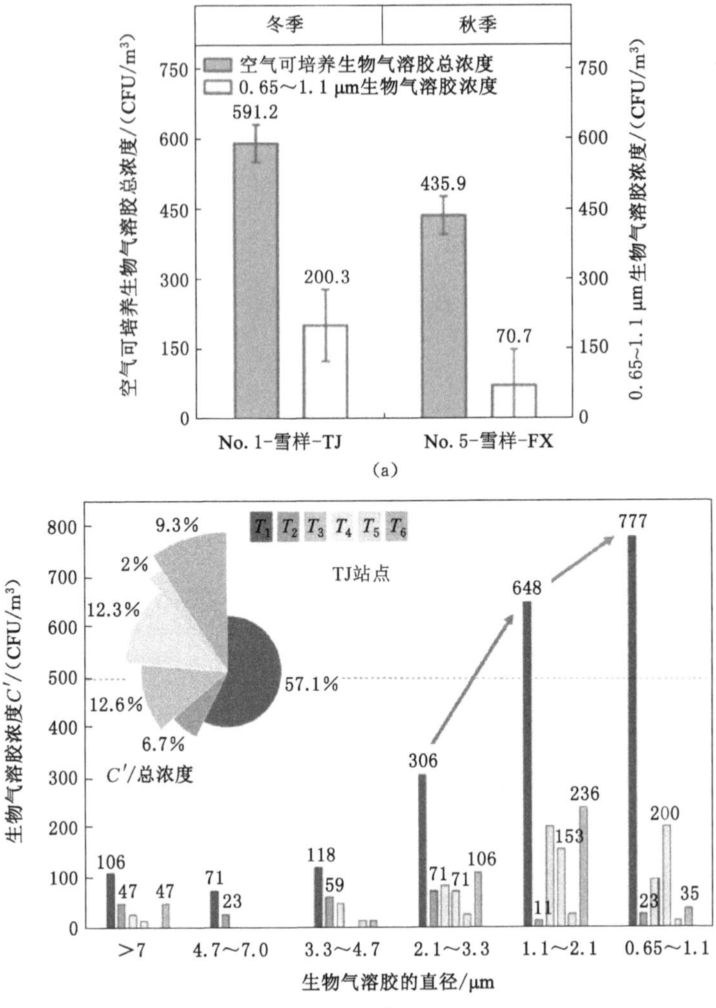

图 5-1　城市不同季节降水时段的空气生物气溶胶浓度

这些结果表明,空气中生物气溶胶的浓度分布,包括那些直径小于 1 μm 的微小生物气溶胶的浓度分布随冬季降水量、降水强度和降水持续时间的变化而变化。与 TJ 站点暴雪期间的高生物气溶胶浓度相比,FX 站点降雪期间的生物气溶胶浓度相对较低。

生物气溶胶浓度在冬季相对较低,不同的季节有明显的时空差异。

通常,城市春季、夏季、秋季、冬季降水时,空气中生物气溶胶的平均浓度范围差异较大,而冬季降雪后期的空气生物气溶胶浓度则低得多。因此,根据环境样本的数据提示,在生态城市的建设过程中,区域季节性污染天气,如极端降水事件,常常导致生物气溶胶污染,具有风险时空变化特征。

研究结果进一步表明,由于空气中的生物气溶胶粒径较小,会随着水循环远距离输移,可能会对周边人群的呼吸健康风险造成不良影响。例如,周边的成人和易感人群可能由于剧烈运动等,引起不良的吸入影响(如传染病、过敏、哮喘等),因此,城市环境生物污染的运移及风险,特别是在雾霾天气的降雪初期是非常值得关注的。

5.2.2　大气扩散的细菌/真菌气溶胶群落研究

5.2.2.1　引言

气候变暖正在加剧城市极端生物降水事件的发生率。例如,微生物"冰核"(ice nucleators)增加降水,引起环境细菌群落差异。

微生物冰核在降雨过程中的作用一直是个谜,其中重要的一点是至今在云层中检测生物微粒具有较大的挑战。研究人员提出了微生物能跟随云团远距离迁移的观点,并预计微生物驱动的降雨在全球各地都有发生。因此,人们开始关注降水环境的扩散微生物群落(图 5-2)。

5.2.2.2　采样与测定

现场水样采样持续时间取决于极端降水事件持续过程;降水采集的样本量与降水强度相关。例如,TJ 站点冬季大气降水样品采集了降雪早期和降雪晚期水样,样品量各为 0.1 L (1 号雪样、2 号雪样)。冬季,2022 年 2 月

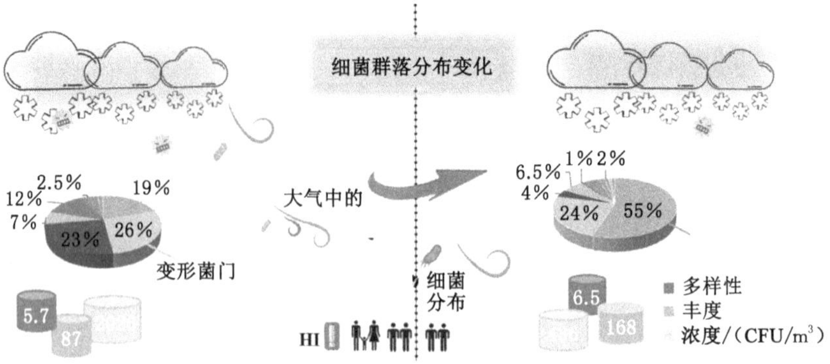

图 5-2　城市极端降水大气扩散细菌/真菌气溶胶群落时空变化

28 日 FX 站点获得降水样本。春季，雪样样本 (3 号雪样)分别在 2022 年 3 月 14 日 FX 站点降雪的开始 T_i、中间 T_m、结束 T_e 时段采集。夏季，降水样本(4 号降水样本)于 2022 年 8 月 22 日在 TJ 站点采集。此外，秋季降水样本于 2022 年 10 月 10 日 (5 号降水样本)采集。降水量参考气象数据及采样区域实际测量确定。

早期使用的平板式微生物计数法具有成本效益。在本研究中，采用固体琼脂平板检测降水和空气中的细菌培养物。在采样过程中，所有的实验仪器(包括过滤瓶、镊子、过滤膜和与样品接触的圆底锥形烧瓶)在 121 ℃下进行灭菌 30 min。收集到的雪样本最初被放置在 100 mL 无菌水样袋中，然后被储存在无菌恒温培养箱中。在 5 ℃下使降雪样品融化，并在小于 12 h 内，用混合纤维滤膜过滤水样，随后采用高通量 16s rRNA 测序测量活细菌和死细菌丰度。

使用空气质量监测器，对空气中直径为 1 μm、2.5 μm 和 10 μm 的颗粒(分别为 $PM_{1.0}$、$PM_{2.5}$ 和 PM_{10})以及温度、大气相对湿度进行外场监测。该监测器 $PM_{2.5}$ 浓度的测量范围为 0～999 μg/m³，可在 0～50 ℃和 0～90%的相对湿度范围内工作。在冬季极端降水事件中，利用离子色谱和 pH 仪表测量融雪水样阳离子（Ca^{2+}、Na^{+}、Mg^{2+}和 K^{+}）浓度和 pH 值。其余的空气质量参数，如 SO_2 浓度、O_3 浓度、二氧化氮浓度和空气质量指数(AQI)，可参考气象数据网站数据。

5.2.2.3　环境微生物传播风险评估

呼吸道吸入是人类接触环境微生物污染物的主要途径之一[95]。通过对极端降水事件期间的细菌暴露浓度进行测量和计算，可以掌握环境微生物群落变化下的健康风险。

$$\mathrm{ADD}=\frac{C_{\mathrm{air}}\times \mathrm{IR}\times \mathrm{ET}\times \mathrm{EF}\times \mathrm{ED}}{\mathrm{BW}\times \mathrm{AL}} \tag{5-1}$$

式中　ADD——每日平均吸入剂量，CFU/(kg · d)；

C_{air}——空气中总生物气溶胶的浓度，$\mathrm{CFU/m^3}$；

IR——人呼吸量，$\mathrm{m^3/d}$；

ET——吸入暴露时间（由于雨雪天气的连续性，假定为 24 h/d）；

EF——接触频率；

AL——平均寿命，取 77.3×365 d；

BW——平均体重，基于中国人口数据，成年男性取 61.2 kg，成年女性取 56.8 kg，学龄前儿童取 20.0 kg。

为估算吸入暴露的健康风险，可采用危害商(HQ)和危害指数(HI)进行计算。

$$\mathrm{HQ}=\frac{\mathrm{ADD}}{\mathrm{RfD}} \tag{5-2}$$

$$\mathrm{RfD}=\frac{\mathrm{RfC}\times \mathrm{IR}}{\mathrm{BW}}\times 24 \tag{5-3}$$

$$\mathrm{HI}=\sum \mathrm{HQ_i} \tag{5-4}$$

其中，RfD 是空气中细菌的参考剂量，$\mathrm{CFU/m^3}$；ADD 是每日平均吸入生物气溶胶的剂量,CFU/(d·kg);RfD 可由 RfC 估计,WHO 推荐浓度 500 CFU/m^3 为可培养细菌暴露在工作日内的极限浓度。加拿大卫生福利部认为任何单一病原体种类达到 50 CFU/m^3 就应立即进行调查,而当浓度达到 100 CFU/m^3 则被认为是不可接受的。美国政府工业卫生师协会(ACGIH)建议室内空气中的可培养细菌总数应小于 500 CFU/m^3[96]。小于或等于 1 的 HQ 或 HI 是可以接受的。当 HQ 或 HI>1 表示致病效应需要关注[97]。

分析生物信息学中的庞大数据集是一项挑战。16 S rDNA 基因测序数据生成分析报告涉及相关性分析,需要花费大量时间和精力。本研究进行了斯皮尔曼和皮尔逊相关分析。在皮尔逊相关分析中,皮尔逊相关系数 r 值可根据绝对值分为五个等级:r=0.9～1 代表非常强相关性;r=0.7－0.9 代表强相关性;r=0.4～0.7 代表中等相关性;r=0.2～0.4 代表弱相关性;r=0～0.2 代表极弱相关性或无相关性。

5.2.2.4 结果与结论

1. 研究结果与分析

本研究对城市降雪过程中三个不同降雪深度采集的雪样微生物展开调查。三个采样深度分别是:T_i(雪深 0～4 cm)、T_m(雪深 4～6 cm)和 T_e(雪深 6～10 cm)。图 5-3 所示为冬季降雪的现场采样照片。如图 5-3(b)所示,不同降雪时长不同降雪样品中细菌群落存在差异性,其中海洋细菌-假单胞菌属数量最多,占总数的 64%,鞘氨醇单胞菌属、土地杆菌属、阿氏节杆菌属、乳杆菌属等是降水优势生物。相关性模型证明,在降雪中,不动杆菌属与链球菌属和气球菌属有很强的相关性(r=0.99)[图 5-3(c)]。这三种细菌与优势细菌(肉丝杆菌属)的高丰度呈负相关,推测气球菌属、链球菌属和不动杆菌属可能会抑制优势菌属的形成。不过,假单胞菌属确实与其他五种优势菌属都有很强或极其显著的正相关性,这从降雪样品细菌中假单胞菌属的相对丰度最高有关。

(a) 雪样采集

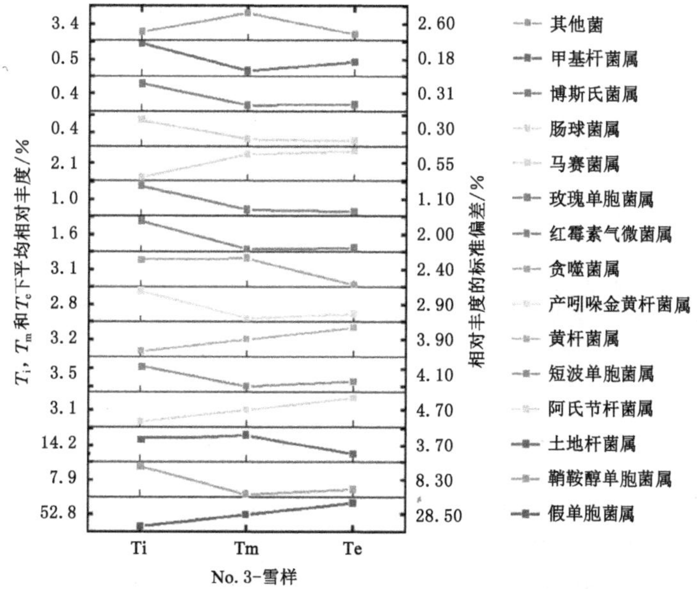

(b) 不同降雪时长不同降雪样品的细菌群落差异

(c) 降水细菌群落相关性模型

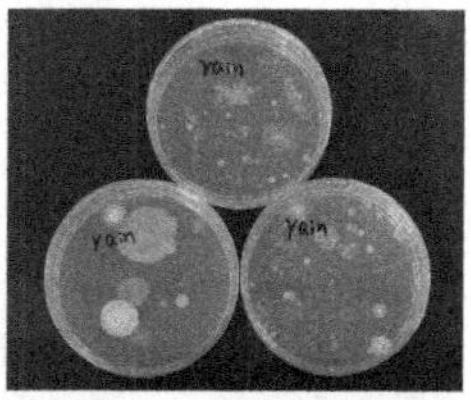

(d) 降水中可培养细菌/真菌菌落

图 5-3　城市降水生物群落

因此，确定多种环境参数对环境细菌群落、丰度的影响，进而揭示水文循环下优势菌假单胞菌属的空气传播的机理。借助培养基检测方法发现，降水可培养细菌真菌种类较多，具有多样性。

2. 城市降水中主要菌属及其特征

(1) 假单胞菌属

隶属革兰氏阴性菌的假单胞菌属是 1894 年建立的薄壁菌门假单胞菌科的模式属，该属细菌与动植物、环境、生态和医学等均密切相关。群落研究进一步发现，降水中大量存在假单胞菌属(图 5-4)。

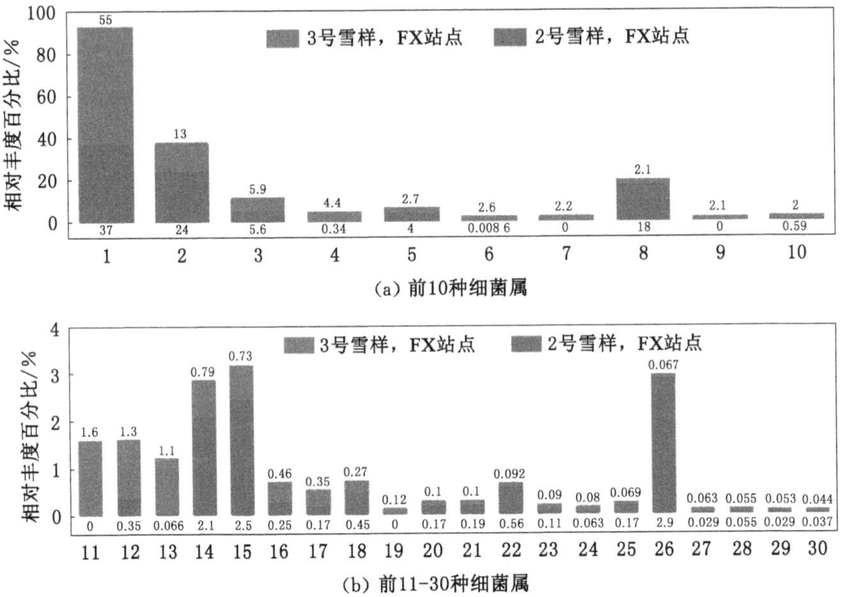

1—假单胞菌属；2—土地杆菌属；3—鞘氨醇单胞菌属；4—柄杆菌属；5—贪噬菌属；6—短波单胞菌属；7—黄杆菌属；8—马赛菌属；9—金色杆菌属；10—节杆菌属；11—土壤杆菌属；12—红球菌属；13—气微菌属；14—玫瑰单胞菌属；15—红假单胞菌属；16—螺菌属；17—肠球菌属；18—博斯氏菌属；19—类诺卡氏菌属；20—葡萄球菌属；21—发酵成对杆菌属；22—黏液杆菌属；23—薄层菌属；24—克雷伯氏杆菌属；25—根瘤菌属；26—慢生根瘤菌属；27—贫养杆菌属；28—链球菌属；29—土壤红杆菌属；30—乳杆菌属。

图 5-4　城市大气降水微生物群落

假单胞菌属广泛分布于土壤、淡水、海水、空气以及生物体中，是一类生长适应能力较强的分布较为广泛的微生物群体之一。环境中的假单胞菌属下细菌种类众多，目前已有 200 多种经过准确鉴定。假单胞菌属的部分菌种不仅是鱼虾、甲壳类和植物类的病原菌，而且极易引起人的急性腹泻和败血症，因此也被称为病原菌。假单胞菌属细菌作为侵染农作物和经济作物的植物病原菌，可危害苹果、番茄、稻谷等多种作物。电镜下观察假单胞菌属细菌为直杆状或弯曲棒杆状的单细胞细菌，大小在(0.5～1.0) μm×(1.5～4.0) μm 左右，该属细菌的细胞通过一至数根极生鞭毛运动。在早期研究中，以形态及生理生化特征作为参考的分类标准比较笼统，假单胞菌属下细菌数目剧增，难以用较为准确的定义来描述该属。后来将该属的分类标准定为是否产生荧光以及产生色素的能力，通过逐步研究发现，鞭毛的着生情况对该属细胞分类有着重要的参考价值。

随着 DNA 技术的不断发展，假单胞菌属的分类研究愈加完善，不断有新的种类被发现。定量 PCR 方法可快速准确实现致病变种的鉴定，检测不同假单胞菌种对不同寄主的不同致病性。例如，铜绿假单胞菌种是一种广泛分布于自然生态环境中的病原体，能够感染人类和植物，直接影响水质和水生态系统的健康状况。

(2) 葡萄球菌属

葡萄球菌属为革兰阳性球菌，呈单个、成双或葡萄串状排列，无鞭毛、芽胞，多数无荚膜。其中，金黄色葡萄球菌分布广泛，致病性强，是重要感染病原菌，但该属在不同地区和时期差异大，其在大气湿沉降过程中的增殖、休眠及感染风险有待研究。葡萄球菌属在城市两次大气降雪采样中均有发现，相对丰度较低，直径 0.5～1.5 μm，在特定标本中排列形态易与链球菌属混淆。

(3) 链球菌属

链球菌属是化脓性球菌中一大类常见革兰阳性球菌,有 69 个种和亚种。溶血性链球菌广泛存在于水、空气、尘埃、粪便及健康人和动物的口腔、鼻腔、咽喉中,可通过直接接触、空气飞沫或皮肤、黏膜伤口感染传播。溶血性链球菌传播途径多样,在城市两次大气降雪采样中均有发现,相对丰度较低。

(4) 克雷伯杆菌属

克雷伯杆菌属为革兰氏阴性菌,呈较短粗杆菌形态,大小为(0.5～0.8) μm×(1～2) μm,通常以单独、成对或短链状排列,无芽胞、无鞭毛,存在于人体肠道、呼吸道及水和谷物中。该菌属在城市两次降雪采样中均有发现。

(5) 马赛菌属

马赛菌属广泛存在于水体、土壤、植物根际、叶际和空气等多种环境中,对生态系统有参与碳氮循环、促进生长素和酶分泌、污水脱氮、溶磷、降解多环芳烃、增强植物抗逆性等积极作用,在城市两次降雪采样中均有发现。

(6) 肠球菌属

肠球菌属为革兰氏阳性球菌,曾被归为链球菌属,可在较宽温度和 pH 范围下生长,适合人体肠道定植。“肠球菌”一词最早于 1899 年提出,用于描述具有致病能力的肠道共生菌。由于形态和生化上的相似性,肠球菌曾被归为链球菌属。肠球菌属常成对或短链出现,没有明显的荚膜,可在 10～45 ℃的温度、pH＝4.6～9.9 范围内生长,大部分物种无鞭毛,但极少部分菌株可以通过稀少的鞭毛而运动。目前,肠球菌属包含四十多种已知菌种,可以存在于各种环境中,包括水源、食物、土壤、植物,人类、动物和昆虫的消化系统中。该菌属在城市两次降雪采样中均有出现。

(7) 玫瑰单胞菌属

玫瑰单胞菌属为一种粉红色的、革兰氏阴性、需氧的小球杆菌，存在于自然环境中，在城市两次降雪采样中均有发现。尽管已经从饮用水、淡水湖、土壤以及其他一些自然环境样本中分离到了玫瑰单胞菌，也有大量关于玫瑰单胞菌的临床病例报道，但是时至今日，该菌的致病能力、传播途径等诸多特征仍不清楚。

(8) 金黄杆菌属

金黄杆菌属1994年从黄杆菌属中分出，属内有40多个种，近年来黄杆菌引起的感染正在逐渐增加。在城市两次降雪采样中有一次出现。

(9) 黄杆菌属

黄杆菌属为一类在生长过程中以产生黄色素为特征的革兰氏阴性杆菌，为条件致病菌，在自然界广泛存在，特别是在水和土壤中。近年来黄杆菌引起的感染呈增加趋势，在城市两次降雪采样中有一次出现。

(10) 短波单胞菌属

短波单胞菌属为好氧或兼性厌氧非发酵革兰氏阴性杆菌，大小为0.5 μm×(1～4) μm，以一条短(0.6～1 μm)的单极毛运动，在城市两次降雪采样中有一次出现。

(11) 类诺卡氏菌属

类诺卡氏菌属在土壤中广泛分布，诺卡菌病可在各地散发，无季节性分布，在城市两次降雪采样中有一次出现。

此外，还有一些其他的环境微生物在降水中被检测出来，它们可以感知和响应周围环境中的变化，调节自己的行为和代谢。比如，土地杆菌属感知到有铁离子存在时，会增加产生菌毛的基因表达，以便更好地利用铁离子作为电子受体。而且，当土地杆菌属感知到有金属存在时，它们就会与其他微生物进行信息交换，比如协调群体行为、形成生物膜等。

3. 大气降水与细菌群落、空气质量的关系

随着全球气候变化,极端降水事件发生的频率和强度逐渐增加,其对城市环境的影响日益显著。城市作为人口高度密集、生态系统相对脆弱的区域,极端降水事件不仅会引发洪涝灾害,还可能对城市环境中的微生物传播产生影响,进而威胁公众健康和生态安全 。然而,目前关于极端降水事件与城市空气 PM 污染、环境微生物传播及风险关联的研究仍相对不足。

城市环境空气中颗粒物 PM 浓度常受天气模式影响,但降水气象条件和空气质量参数对生物气溶胶中细菌群落的影响尚不明确。本研究对比了空气生物气溶胶和细颗粒物浓度,发现 2022 年 2 月 12 日降雪期间,TJ 站点时 $PM_{2.5}$ 浓度有瞬时超 100 $\mu g/m^3$ 的现象,且空气中可培养细菌数量时常随细颗粒物浓度增加而增加。

本研究中,通过对城市降水的外场监测,发现了大气 PM 浓度与环境病原体污染的高浓度有关。例如,在有季节性降水的日子里,在重工业活动和人口密集的地区(如 TJ 市),较高的 PM 中含有微米级和纳米级可吸入颗粒物。在 2023 年,我们还对季节性降水离子浓度、生物气溶胶、颗粒物/气溶胶($PM_{1.0}$、$PM_{2.5}$ 和 PM_{10})进行了监测。随着降雪时间增长,空气 $PM_{1.0}$、$PM_{2.5}$ 和 PM_{10} 浓度逐渐降低[图 5-5(a)]。

然而,生物气溶胶在 T_1 至 T_6 时段内,浓度呈降低—增高—降低—增高变化,这表明气溶胶污染物在极端降水持续时间内会发生变化。研究发现,季节性降水的时空变化会引发不同的颗粒物暴露风险。考虑到降水中微生物以假单胞菌属、葡萄球菌属、链球菌属等为主,其在水文循环下的传播引发的感染风险需引起重视。本研究强调了 PM 污染下的环境细菌群落分布的时空差异及由此带来的意外感染风险,为后续城市环境微生物风险管理提供重要参考。

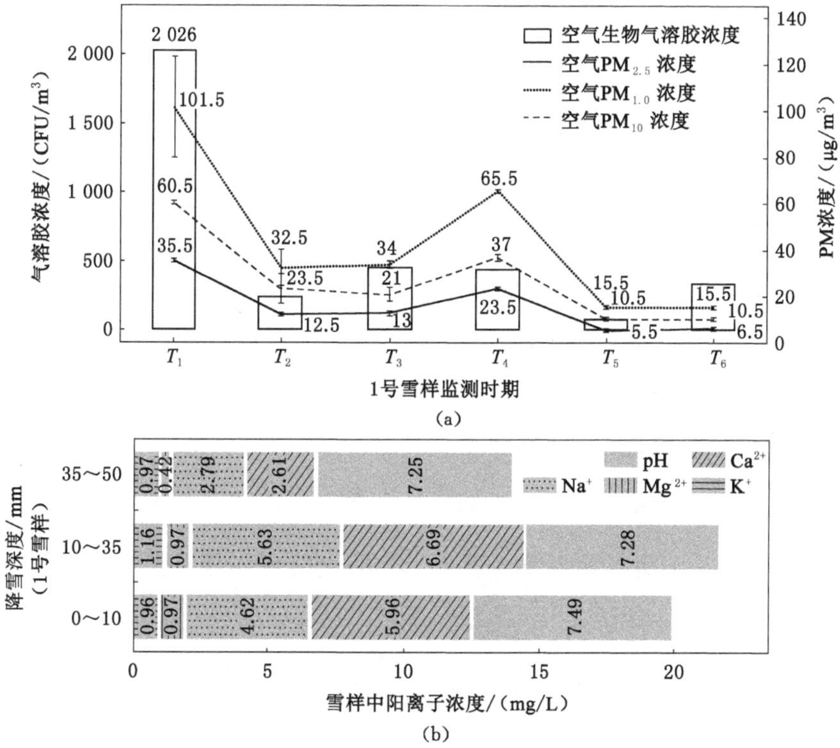

图 5-5　城市降雪空气颗粒物浓度、可培养空气生物气溶胶浓度和不同积雪深度的降水化学特征与 pH 值

此外,随着降雪量的增加,融雪水的 pH 值和化学组分质量浓度随着降雪量的增加明显下降,这与可培养细菌的浓度降低相对应[图 5-5(b)]。例如,融雪水的 pH 值随着深度的增加而降低,0～10 mm、10～35 mm 和 35～50 mm 处的 pH 值分别为 7.49、7.28 和 7.25。在本研究中,四种阳离子(Ca^{2+}、Na^{+}、Mg^{2+} 和 K^{+})的浓度随降雪时间增加也有明显变化。例如,10～35 mm 积雪层中 Ca^{2+}、Na^{+}、Mg^{2+} 和 K^{+} 阳离子浓度分别为 35～50 mm 积雪层中的 2.56 倍、2.02 倍、2.31倍和 1.20 倍。可见,这些轻金属离子和 H^{+} 浓度梯度的降低,细菌群落组成的多样性显著变化。这些发现表明,自

然和人为排放 PM 污染物会影响大气降水传播(空气传播或水文循环传播)的细菌群落结构和风险。

接下来,针对极端降水事件,深入探讨了降水对城市环境微生物运移的影响,对潜在风险进行评估。结合降雪数据、人口数据,利用风险评估模型计算人群(成年男性、女性和儿童)在降水事件中的暴露风险(HQ 值和 HI 值)。研究对比评估了成年男性、女性和儿童在两座城市(FX 和 TJ)六个大气降雪阶段的 HQ 值。

风险评估研究证实,成年男性、女性和儿童的危害商(HQ)在初始降水阶段存在显著的时间差异(图 5-6)。这种差异主要源于男性较高的吸入速率,从而导致其 HQ 相对更高。同时,超重/肥胖者相较于正常体重人群,往往会摄入更多空气污染物,这是因为他们每日平均多吸入 8.21 m^3 空气[98]。当吸入速率与体重的比率上升时,HQ 也会随之增加。例如,剧烈运动引发的高吸入率,会使成年女性和儿童面临更高的 HQ 风险与危害指数(HI 值)。

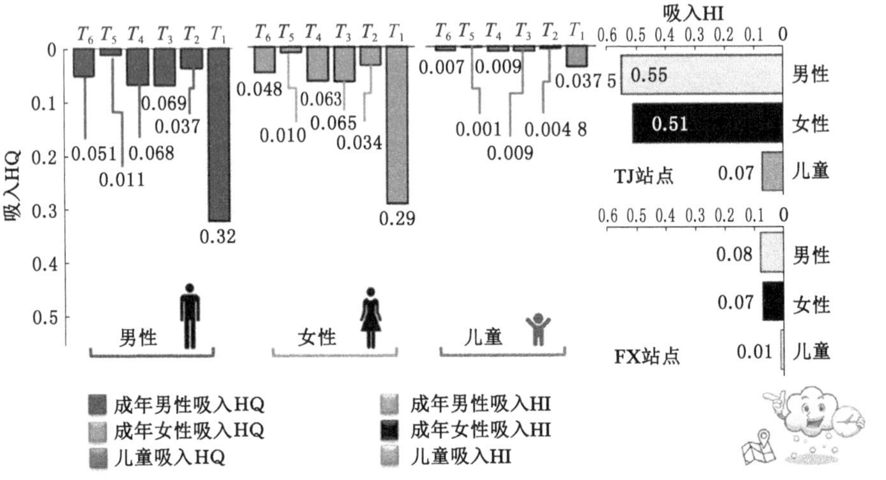

图 5-6　不同城市大气降水过程对空气生物气溶胶吸入风险影响差异

在本次研究中，我们还对两座城市降水期间的生物气溶胶暴露和空气颗粒物污染状况进行了调查。结果显示，男性的最高 HI 值出现在冬季降水期间。这些研究结果表明，季节性降水的时空变化会带来不同程度的颗粒物暴露风险，尤其是在降水引发高浓度颗粒物污染的时段。

综上所述，本研究围绕降水对城市环境微生物传播的影响展开探讨，得出以下结论：

(1) 降水中的微生物组成特征

通过对雨水及融雪样本的分析发现，降水中微生物种类丰富多样，主要优势菌属包括假单胞菌属、葡萄球菌属和链球菌属等。值得注意的是，这些菌属中部分种类具有致病性，因此降水过程中细菌的运移扩散可能带来疾病传播风险。

(2) 不同人群在降水阶段的暴露风险差异

风险评估结果显示，在降水初始阶段，成年男性、女性和儿童的危害商(HQ)值存在显著的时间差异。其中，男性由于吸入速率较高，导致其暴露风险明显高于其他人群。此外，研究还发现男性的最高危害指数(HI)值出现在冬季降水初始时段。这表明季节性降水的时空变化会显著影响人群的暴露风险，尤其是在城市降水伴随高浓度颗粒物污染的情况下，不同人群面临的风险存在明显差异。

(3) 细菌群落分布的时空变化规律

城市水文循环对环境细菌群落的时空分布具有重要影响。随着大气及降水中细菌群落结构的动态变化，不同城市的地表径流微生物组成也随之改变。这种变化可能对地表水生生态系统构成威胁，例如引发藻类过度繁殖形成水华，进而导致水质恶化，加剧生态风险。此外，极端水文事件还可能促使生物气溶胶远距离扩散，进一步增加人群的呼吸暴露风险。

5.2.3 地表径流微藻爆发生长理论模型研究

5.2.3.1 引言

水循环是复杂的自然过程,涉及水蒸发、大气水分输送等。多种形式的降水、蒸发和径流是水循环过程的三个主要环节。这三者构成的水循环途径决定着全球的水量平衡,决定着一个地区的水资源质量。

大气干湿过程是影响地表水质的关键。科学家们发出警告,风温是驱动地表水循环的主要动力因素,城市微生物对气候变化有一定响应[100]。例如,当前,有毒蓝藻已经造成了主要的水质问题,例如奥基乔比湖(美国)、维多利亚湖(非洲)、伊利湖(美国)和太湖(中国)。一项调查表明,奥基乔比湖纬度较低,光热较充足,冬季不易遭受冷害,以草本沼泽为主,该湖南端大片地区已出现稠密的单植巨藻。大量的海水入侵、土地盐碱化导致奥基乔比湖流域生态环境恶化严重。

考虑到驱动水流循环和产生水位梯度的重要驱动力是风应力,在一个365天的模型过程中,强烈的西北风使得湖东南角水位提高,西北角水位降低,落差达12 cm。而且,风力影响湖水的动力与混合。研究人员观察到初夏下午5点以后,随着风速的增加,动量和能量垂直输运增强,垂向温度梯度减弱,垂向混合增加。

此外,降水的性质还受到降水化学组分的影响。不同城市降水中有害的化学组分逐年变化,引起了一系列的环境问题。例如,大气降水中常见的水溶性化学组分包括酸性物质(如硫酸、硝酸)、无机盐(如氯化物、硝酸盐)、有机物(如溶解性有机碳)以及微量元素(如铜、镍等)。

这些化学组分的浓度和组成比例可以反映大气污染的程度和污染物来源。通过对与大气中的污染物排放、气象条件等多种因素密切相关的大气降水化学成分的分析，可以得到丰富的信息。在我国的一些城市，大气降水中存在大量水溶性化学阳、阴离子，不同城市大气降水的酸性及阳、阴离子浓度不同(图5-7)。降水中酸性离子过量会形成酸雨，酸雨降落到湖里会引起湖泊酸化，藻类减少、鱼类虾类死亡甚至灭绝，从而对整个生态系统造成损害，严重时甚至会干扰生物地球化学循环[101]。

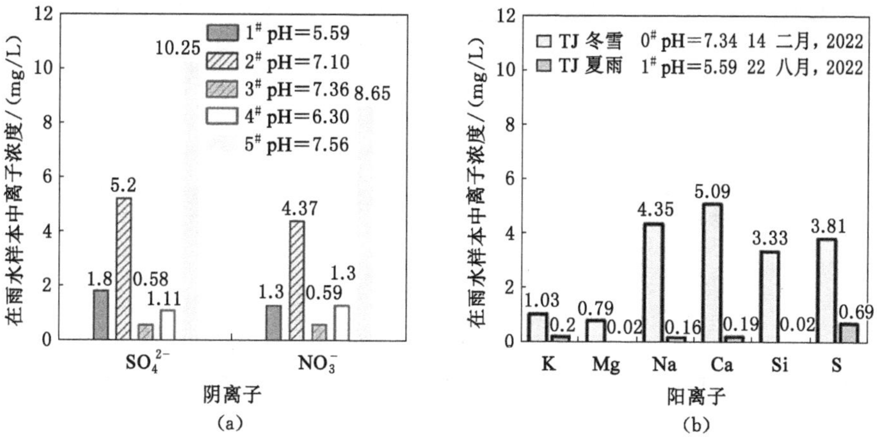

图5-7　大气降水pH值及水溶性离子浓度[99]

研究发现，大气降雨会带动微生物循环[102]。尤其当雨点降速与小雨近似，气温与热带地区近似时，雨滴“砸”向地表时会产生大量微生物气溶胶，四处飘散细菌及其产生的物质。但是一般认为细菌无法在气溶胶形成过程中存活，因此，一直以来人们并不清楚细菌是如何转移至空气中的。

通过使用超高速摄影机、荧光图像成像和建模实验发现，这些气溶胶中携带的细菌可以在空气中存活约一个小时(图5-8)。虽然细菌转移的比例看起来不高，但据测算，每年由降雨散播的细菌总量可达10 000万亿到800 000万亿。大气降雨或能转移细菌到环境中。尝试后续研究通过方程的构建，提高对水文循环下生物循环的认识。

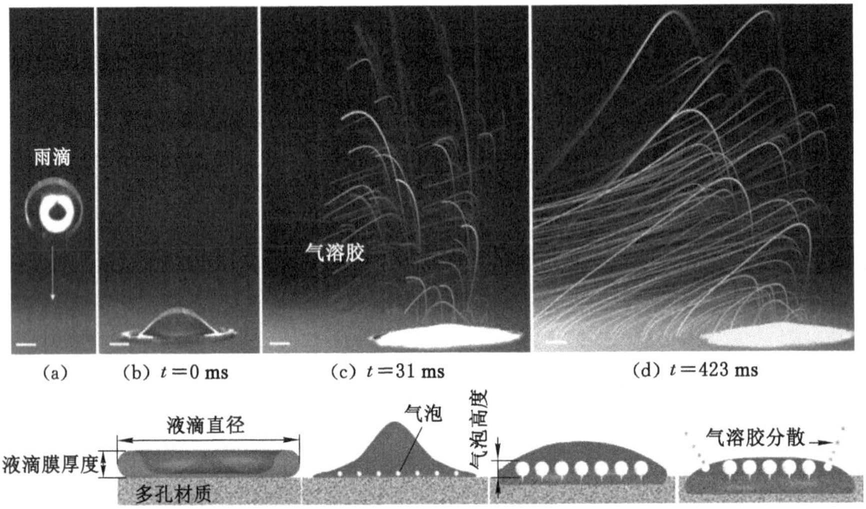

图 5-8　高速摄影下的降水气溶胶粒子扩散瞬间[103-104]

5.2.3.2　采样与测定

2023 年 5 月,研究人员尝试分离我国辽河流域水源水库水样中优势藻种中的三种绿藻。

(1) 水库水采样

大于 1 L 的水库水样在 2023 年白天(上午 10:00～11:00)现场采集,并保存在经过消毒的容器中。从水库水样中分离和纯化微藻后,实验室环境下在光照培养箱中培养 0～6 天,温度为 24～26 ℃。调节光照强度,使 LED 灯保持稳定的通量 2 000～3 000 lx。藻类培养模拟实验使用 BG11 培养基培养。微藻在适宜的生长条件下培养后进入对数生长期,将它们以 1∶5 的比例重新转接(BG11/水,质量比)。培养液的 pH 用 1 mol/L NaOH 或 1 mol/L HCl 溶液调至 7.1。

(2) 微藻浓缩分选

一种旋流管式微藻分选装置(CN2024208977979),具有多个微通道,可实现不同种类微藻分选。其装置及分选效果如图 5-9 所示。

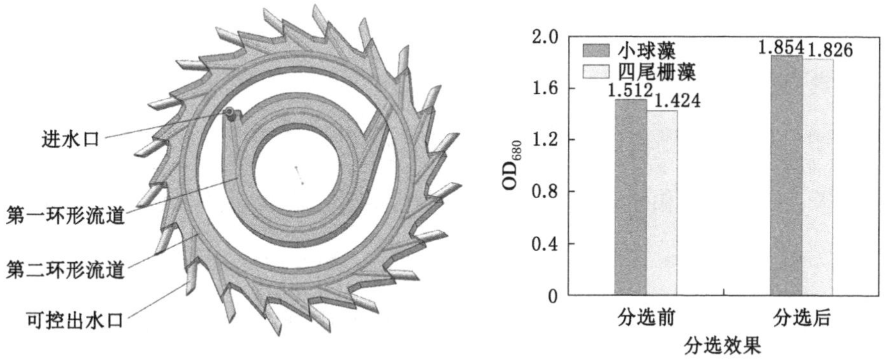

图 5-9 微藻分选装置与其分离效果[105]

(3) 元素组分分析

采用电感耦合等离子体质谱仪(ICP-MS, Agilent7500a),分析测量所收集滤液样品中的 23 种元素(Na、Mg、Al、Ca、Sc、Ti、V、Cr、Mn、Fe、Co、Ni、Cu、Zn、As、Se、Sr、Mo、Cd、Sb、Ce、Eu 和 Pb)浓度。

Agilent7500a ICP-MS 由样品导入系统、等离子体系统和分析检测系统三部分组成。样品分析前,需采用调谐液对仪器条件进行调谐,优化仪器性能,以便优化待测元素响应强度,获得均衡一致的元素响应值,减少氧化物和双电荷的干扰。采用标准曲线法定量分析样品中各元素浓度,各元素标准曲线的线性相关系数均大于 0.999。样品测试期间,为了进一步保证数据的准确性,还需确保内标元素标准偏差小于 5%。元素检出限范围为 0.002～3.32 μg/L。

(4) 微藻生长曲线绘制

三种绿藻 *Scenedesmus quadricauda*、*Chlorella vulgaris* 和 *Scenedesmus obliquus*,可以作为水质生物指标。采用现场监测,通过补充阴离子和阳离子模拟水质的培养实验,预测水质的变化。在 pH 值为 7～10 的培养条件下，碱性降水可促进微藻生长率提高（$\mu_{S.\ quadricauda} > \mu_{C.\ vulgaris} > \mu_{S.\ obliquus}$）。

如图 5-10 所示，当水溶液中的六种化学组分条件（K^+、Ca^{2+}、Mg^{2+}、NO_3^-、SO_4^{2-}、Mixture solution）发生变化时，随着培养时间的增长，四尾栅藻、小球藻和斜生栅藻的藻细胞密度增长幅度明显变化。通常，反应器内的水化学、水动力场和水生物群落存在时空变异规律，流体具有各向异性性质。例如，反应器中不同浓度离子组成（Ca^{2+}、SO_4^{2-}）的水溶液显著影响微藻生长生产。因此，研究人员通过设计光生物反应器结构，改变水流动力学特征，强化传质效率，调控微藻生长。可见，通过微藻生长曲线的绘制，有助于

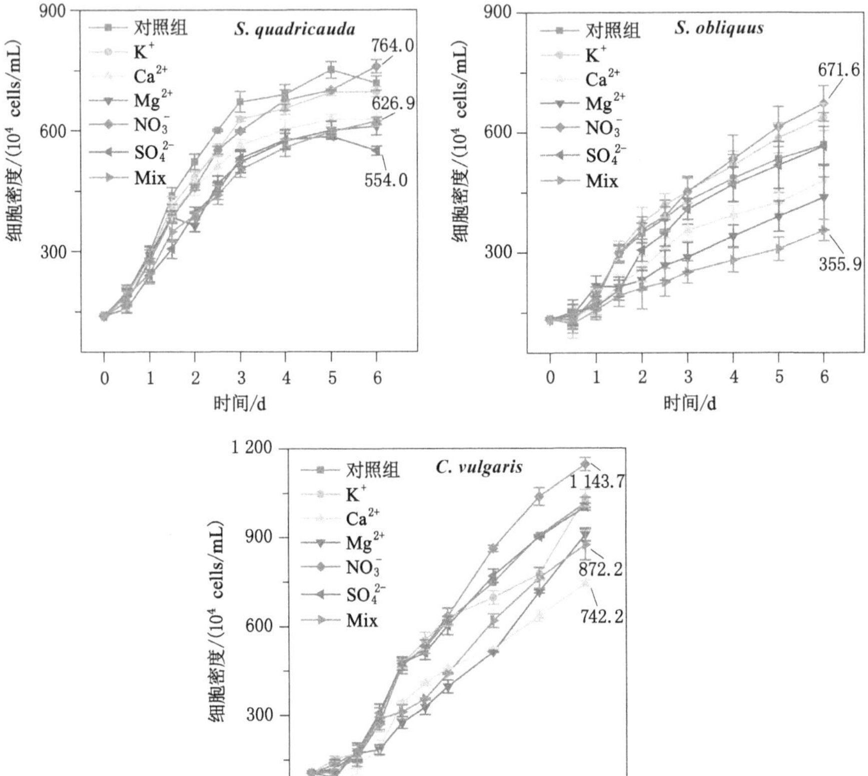

图 5-10　地表径流水溶性阳离子对水源微藻增殖细胞密度的影响[106]

了解水环境微藻的生长特征变化。

（5）离子组分分析

采用离子色谱仪分析水样中 5 种常见水溶性阴离子 Cl^-、NO_3^-、SO_4^{2-}、F^- 和 NO_3^- 浓度。检出限范围为 0.000 1～0.001 mg/L，线性范围为 0.05～100 mg/L。采用美国 Thermo-Fisher 公司 AQ 型离子色谱仪分析降水中 5 种水溶性阳离子（Na^+、NH_4^+、K^+、Mg^{2+} 和 Ca^{2+}）浓度，其检出限为 0.000 1～0.001 mg/L，线性范围为 0.05～100 mg/L。分析过程中均采用手动进样方式，以确保样品测试结果的准确性。

（6）数据质量控制与保证

采用电感耦合等离子体质谱法、高分辨率透射电子显微镜、X 射线能谱仪对水样进行了高精度元素分析和微观结构研究。

为确保数据的可靠性与准确性，本研究在样品采集、保存和处理到分析的全过程中进行了质量控制与保证。阴、阳离子相关系数 R 为 0.97，说明 Cl^-、NO_3^-、SO_4^{2-}、F^-、NO_2^-、Na^+、NH_4^+、K^+、Mg^{2+} 和 Ca^{2+} 相关性很强，具有显著代表性，是降水中主要的水溶性离子。

5.2.3.3　结果与结论

大气降水会将酸性物质沉积到地表水中。研究发现，水溶性化学组分对微藻细胞增殖具有影响。

图 5-11 所示为去离子水、地表水源水库水、大气降水水样、地表水源水库水分别与 A、B、V 三种大气降水水样的混合水样培养水源微藻的生长曲线。藻培六天后，降水水样和水库水中微藻的细胞密度最高增长 2.2 倍以上。可见，城市水循环能显著影响地表水，特别是饮用水源中的微藻生长，细胞密度具有显著变化，改变了地表水中浮游植物的浓度。

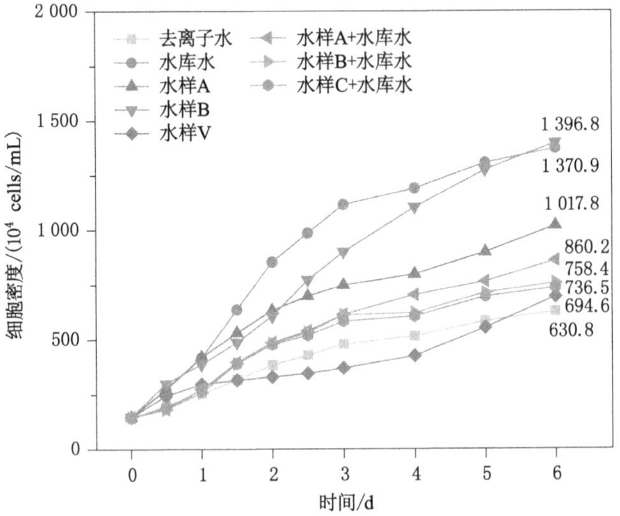

图 5-11 地表径流化学组成对水源微藻增殖细胞密度的影响[106]

经过模型预测,水库 *S. quadricauda* 细胞密度将增加10.7倍(图 5-12)。研究发现,不同形状因子的湖库中的微藻生长曲线不同,开展微藻生长模型模拟有助于加深对不同种属微藻的水环境影响规律理解,有助于减少水华发生的风险,促进地表水微藻类生物资源的循环利用。

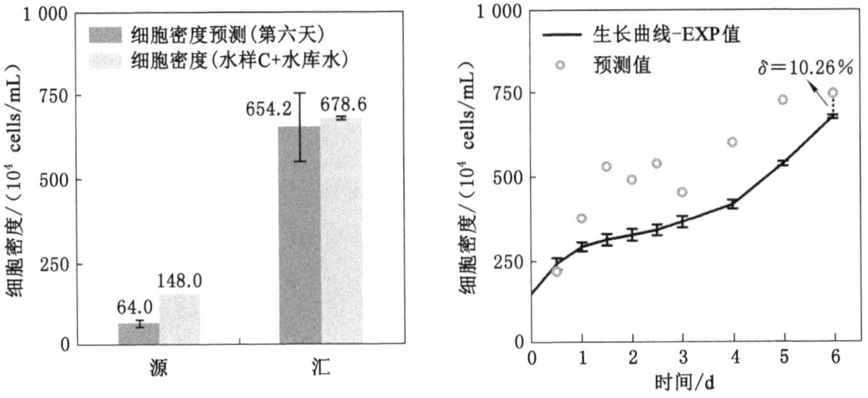

图 5-12 利用模型预测水循环影响下的水生生物增长速率曲线[102]

总体上，模型模拟量化了水溶液阴离子和阳离子的藻培结果，雨水中主要的阳离子（Ca^{2+}、Mg^{2+}、K^{+}），以及阴离子（NO_3^- 和 SO_4^{2-}）对水环境微藻增殖具有响应。例如，研究发现，降水中的 Mg^{2+} 浓度（>0.5 mmol/L）增加能够抑制 *S. quadricauda* 生长，Ca^{2+} 浓度增加也会抑制微藻生长。具体计算公式如下：

$$A=0.096L_1+0.142L_2(\mathrm{pH})-0.011NL_3(\mathrm{Ca}^{2+})+0.014NL_4(\mathrm{Mg}^{2+})-0.019NL_7(\mathrm{K}^{+})+1.975NL_5(\mathrm{NO}_3^-)+0.007NL_6(\mathrm{SO}_4^{2-})\quad \mathrm{pH}<7$$

$$A=0.19L_1+0.058L_2(\mathrm{pH})-0.487NL_3(\mathrm{Ca}^{2+})+0.048NL_4(\mathrm{Mg}^{2+})-0.178NL_7(\mathrm{K}^{+})+0.110NL_5(\mathrm{NO}_3^-)+0.001NL_6(\mathrm{SO}_4^{2-})\quad \mathrm{pH}\geqslant 7$$

(5-5)

$$C=1\,994.95A-27.57$$

$$C_x=\lambda C \tag{5-6}$$

上式中，C 是模型预测的地表水中的微藻细胞密度（10^4 cells/mL）；λ 是环境系数（与光照强度、营养物质数量有关）；A 表示第 6 天在 680 nm 处测得的吸光度；L_1 表示光照强度，klx(1 klx=1 000 lx)；L_2(pH)表示 pH 值的大小；$L_3(Ca^{2+})$表示 $CaCl_2$ 的含量，s/L；$L_4(Mg^{2+})$表示 $MgCl_2$ 的含量，g/L；$L_5(NO_3^-)$表示 $NaNO_3$ 的含量，g/L；$L_6(SO_4^{2-})$表示 Na_2SO_4 的用量，g/L；$L_7(K^+)$表示 KCl 的用量，g/L。

模型能够用于大气降水对地表水微藻生长影响规律的研究。如图 5-13 所示，对于实际的水循环环境问题，降水水溶性离子、降水 pH 和光照强度可以作为单因素进行微藻的培养，随后在多因素多条件下模拟实际地表水环境、纯化微藻的生长速率，结合新建立的数学模型建立数据库。当将雨/雪水化学、水生物、地表水物理等参数输入时，模型能够预报实际水环境的水质变化。

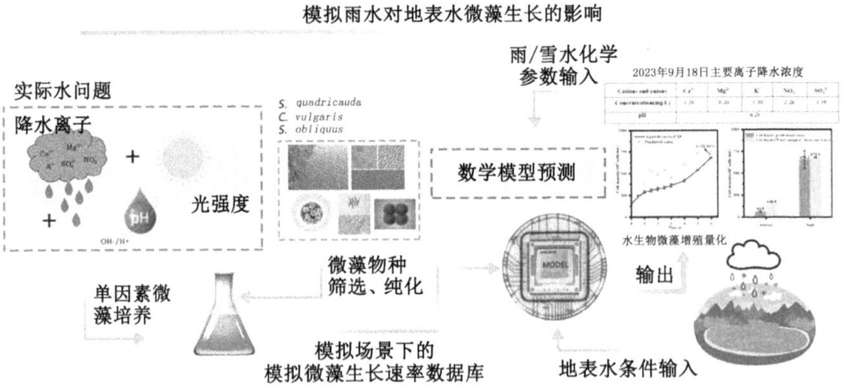

图 5-13 基于模型模拟的水循环与生物循环的协同效应研究[102]

值得注意的是，在推导出的公式中，N 是一个无量纲的可调参数(当环境地表水体中的可溶性离子浓度大于 0.1 mol/L 时，$N=1$；否则，$1>N\geqslant 0$)。可见，大气降水中的水溶性化学离子对水库水生浮游植物 *S. quadricauda*、*C. vulgaris* 和 *S. obliquus* 的生长具有一定的影响。

由此可见，数学方程的构建，有助于地表水文循环与生物循环的协同效应研究。

第 6 章　基于环境流动模拟研究的微型生物图例

6.1　概述

在全球生态系统演替中，生物（包括藻类、细菌、真菌、古菌、原生动物）群落分布十分广泛。它们中的一部分能够起到水体改善、消减大气污染的作用，促进生态系统、生物群落发育演替。近年来，随着人类城市化活动的不断增强，地表径流增加，导致一系列环境问题，如蓝藻暴发生长引起城区内水体富营养化问题。

除了蓝藻（蓝细菌），造成水富营养化的微型藻类还有很多，大部分微藻属于真核细胞生物。真核生物具有细胞核，细胞结构如图 6-1、图 6-2 所示。它们通常含有一层由多糖组成的细胞壁，包裹细胞其他部分的是一种活性结构的质膜，负责控制原生质体中物质的流入与流出。细胞核由核仁、染色体、核液组成，细胞质中含有较大的核糖体和脂质体。运动器官——鞭毛借助摆动驱动细胞通过介质。对于同一个细胞，鞭毛的长度可以不同，受到鞭毛内转运的控制。

原核细胞生物没有细胞核，如蓝细菌。原核细胞生物的典型代表是细菌、放线菌、支原体。原核细胞生物能够合成细菌独特的结构和组成，如细胞壁。细菌细胞的膜结构中最重要的是细胞壁和细胞膜。细胞壁决定细胞的形态，主要由肽聚糖组成。细胞膜主要由磷脂组成，作为可渗透膜，限制出入细胞的分子种类和数量。细胞菌毛比鞭毛更细，通过细胞之间的作用，帮助细菌黏附。这种黏附作用可发生在细菌与宿主细胞之间，也能够发生在细菌细胞之间。通常，有鞭毛的细菌不在琼脂平板上形成菌落，而是从接种点向四周辐射状扩散生长，像一团泡沫。

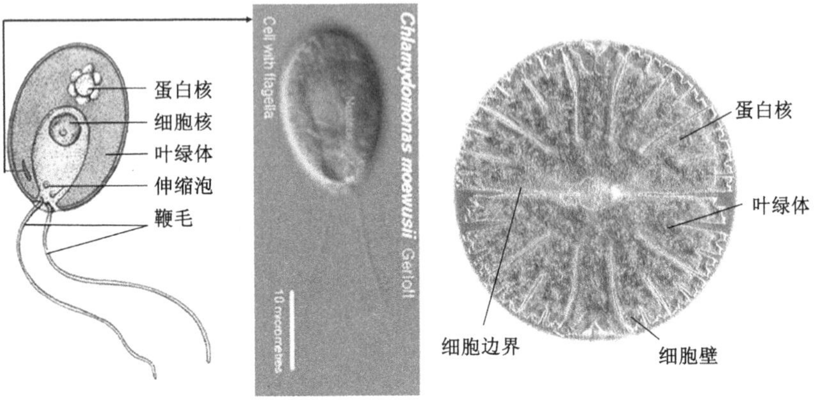

图 6-1 绿藻门衣藻细胞(Chlamydomonas)结构

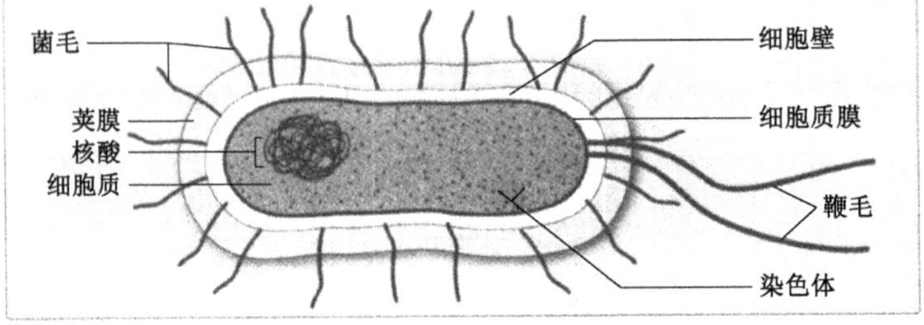

图 6-2 细菌细胞的结构

有时，为了能适应恶劣的环境并生存，一些革兰氏阳性杆菌会发生结构和代谢变化，如将休眠状态的细菌内芽孢释放为游离芽孢。细菌以分裂方式进行繁殖。对数生长期(也称指数生长期)中的细菌以几何级数分裂增长。不同细菌的分裂倍增时间不同，短则十几分钟，多则几天。一旦营养耗尽，细菌生长速度减缓甚至停止，进入稳定期。

6.2　环境生物分类

6.2.1　微藻

微藻是在显微镜下才能辨别形态的微小藻类类群。迄今，人类已了解的藻类约 3 万余种，其中微藻约占 70%。它们个体微小，常用于生产有应用价值的产品，如食品、饲料，甚至建筑材料。由于不利水循环环境下微藻细胞增殖问题机理不明等，微藻有时候会引起区域地表水源水库的水华现象及空气污染，危害生态环境与健康。微藻分属于多个藻门，具有各自的主要特征。

表 6-1　藻类的主要特征

门	特征				
	色素组成和质体结构	贮藏产物	细胞壁	鞭毛数目及着生位置	生活环境
蓝藻门	叶绿素 a，C-藻蓝素，别藻蓝素，C-藻红素，β-胡萝卜素和几种叶黄素，类囊体单条分散排列、不叠集	色素颗粒(精氨酸、天冬氨酸)，聚葡萄糖	α 和 ε-二氨基庚二酸、丙氨酸等	无	淡水、海水及陆生

表 6-1(续)

门	特征				
	色素组成和质体结构	贮藏产物	细胞壁	鞭毛数目及着生位置	生活环境
绿藻门	叶绿素 a、b，α、γ-胡萝卜素和几种叶黄素，类囊体 2～5 条叠集呈组排列	淀粉(直链淀粉和支链淀粉)，某些类群为油	多数为纤维素(β-1, 4-吡喃葡萄糖)，羟脯氨酸，葡萄糖苷，木糖及甘露糖，或无细胞壁，某些类群钙化	1，2～8 多条，等长，顶生	淡水、海水及陆生
金藻门	叶绿素 a［红藻纲含叶绿素 d］；R-及 C-藻蓝素、别藻蓝素；R-和 B-藻红素；α-和 β-胡萝卜素及几种叶黄素；类囊体单条不叠集	红藻淀粉与支链淀粉相似	纤维素，木聚糖和几种磷酸盐多糖(半乳聚糖类)，某些类群钙化，在珊瑚藻科为褐藻酸盐	无	多数产于咸淡水和海水，有些产于淡水，陆生极少

6.2.1.1 蓝藻门

微藻在水体中广泛存在，对环境流动的变化非常敏感。微米大小的藻细胞常需要借助显微镜才能辨别其形态。微小的单细胞藻类群体常可作为环境流动的指示生物，当然，微型藻类也包括了许多种类的蓝藻。

蓝藻分布广泛，有时可谓“臭名昭著”，常常生存于淡水和海水中，潮湿和干旱的土壤和岩石上，以及树干树叶、温泉、冰雪等环境中也常见。蓝藻是一类进化史悠久的原核生物，具有多样的细胞形态，无鞭毛，可以是球形、棒状、丝状或薄片状，并且常常形成链状或菌丝状的结构。蓝藻是由于它们的细胞体内含有叶绿素 a 和类胡萝卜素等色素，使其呈现蓝绿色或蓝色而得名。

蓝藻具有多样的形态和生理特征，适应能力强。与其他微藻一样，蓝藻也能够进行光合作用,通过自养方式获取能量和有机物质。有些蓝藻甚至可以穿入钙质岩石或钙质皮壳中,展示出极强的适应能力。而且,蓝藻的生长非常旺盛,可以通过细胞分裂来增殖,产生藻毒素等。科学家在空气中发现的藻类毒素,如鱼腥藻毒素,可致人类瘫痪或死亡[107]。丝状蓝藻通常会断裂成短的细胞列,具备较大的滑动能力,可以继续分裂成新的丝状体。某些蓝藻种类还会形成分离盘,通过脱水来分裂成段殖体。它们在生态系统中扮演着重要的角色,如丝状蓝藻是水华的主要成分,对人类和其他生物的生存和健康产生着影响。

(1) 尖头藻属(图 6-3)

其丝状体两端尖细或一端尖细,另一端宽圆;细胞呈圆柱形,假空泡有或无,无异形胞;厚壁孢子单生或在丝状体中间成对生长;生长于湖泊、池塘等静水水体中。尖头藻属分布广泛、适应性强,是常见的水华蓝藻。

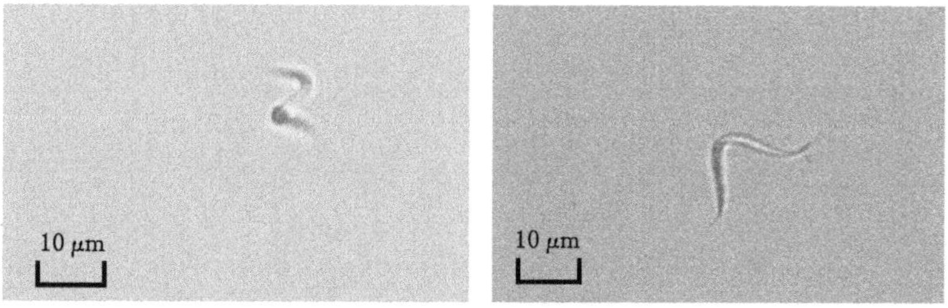

图 6-3　尖头藻属

(2) 鱼腥藻属(图 6-4)

鱼腥藻属于单细胞的原生生物。鱼腥藻属包含约 100 个不同的物种,其中在我国已经报道了 31 个物种和 8 个变种。这些藻类主要生长在淡水环境中,包括湖泊、池塘和河流等水体,也有少数物种生长在湿地上。

鱼腥藻的细胞形态多种多样,但通常以单细胞的形式存在。它们可以自由漂浮在水中,也可以通过黏附在基质上固定。藻丝的粗细可以一致,两

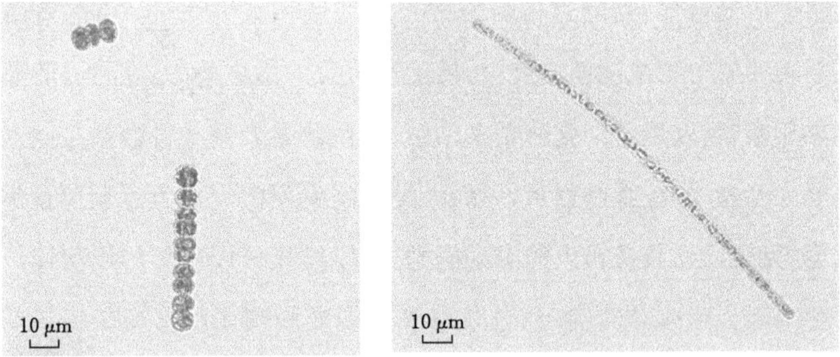

图 6-4　鱼腥藻属

端稍稍变细。藻丝的形状可以直、弯曲或作不规则的绕曲,而且通常被透明无色的水样胶鞘包裹。

鱼腥藻对较高的温度有一定的适应性,并且在春末、夏初和初秋时繁殖较为活跃。然而,鱼腥藻通常不能作为饵料使用,因为它们能够分泌毒素,导致鱼类和其他生物中毒。

(3) 束丝藻属(图 6-5)

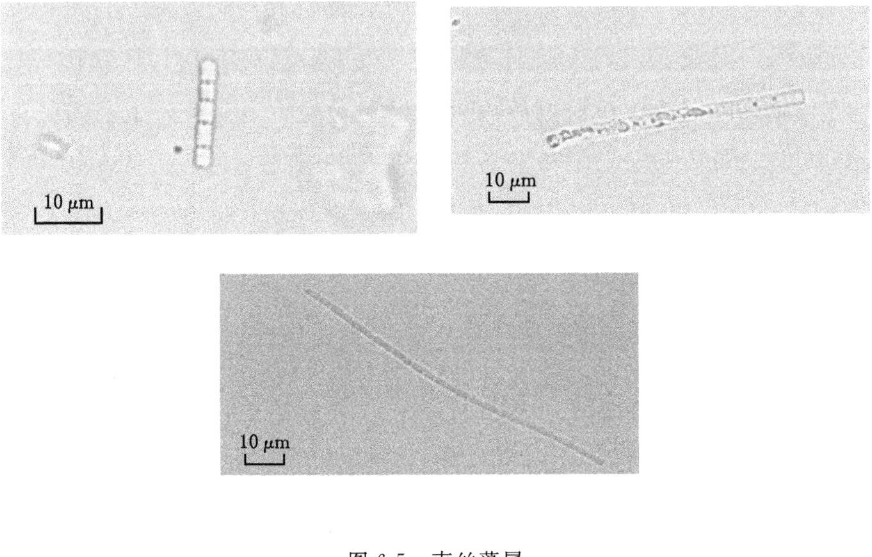

图 6-5　束丝藻属

束丝藻属是一类属于蓝藻门念珠藻目念珠藻科的藻类。它们在淡水环境中广泛分布,通常以浮游丝状的形态存在。束丝藻属的某些物种具有较高的生物多样性,已经被广泛研究。

束丝藻属的细胞结构相对简单,由单个细胞组成,细胞间没有分枝。它们通常没有胶鞘,细胞直或略弯曲。在丝状体的末端,会延长出无色的细胞。多个丝状体可以聚集形成盘状、纺锤状或束状群体。这些群体中的细胞形态多样,异形胞间生。

束丝藻属的物种生长于各种静水水体中,如湖泊、池塘、河流等,在水质净化方面发挥作用,有助于维持水体的生态平衡。然而,某些束丝藻属的物种也可以引发水华,特别是在水质富营养化的情况下。这些水华藻株能够分泌毒素,对水生生物和水体生态系统造成危害。

(4) 平裂藻属(图 6-6)

平裂藻属又名裂面藻属,是色球藻目色球藻科的一个属;藻体为群体,微小;细胞的内含物一般均匀,仅偶尔有微小的颗粒体存在;淡蓝绿色至亮绿色,少数呈玫瑰色以至紫蓝色。个别种如海产的加氏平裂藻可达 3 cm;群体片状,细胞 4 个一组整齐排列在一个平面的同质胶质中,形成片状群体。平裂藻属物种自由漂浮,细胞呈球状,分裂前为长球状,分裂后为亚球状。细胞的分裂面为二个,即两两作直角交叉的分裂,每小组或小群中各细胞的分裂步骤常一致,因此其群体常作平方形。平裂藻属物种现有 13 种,我国

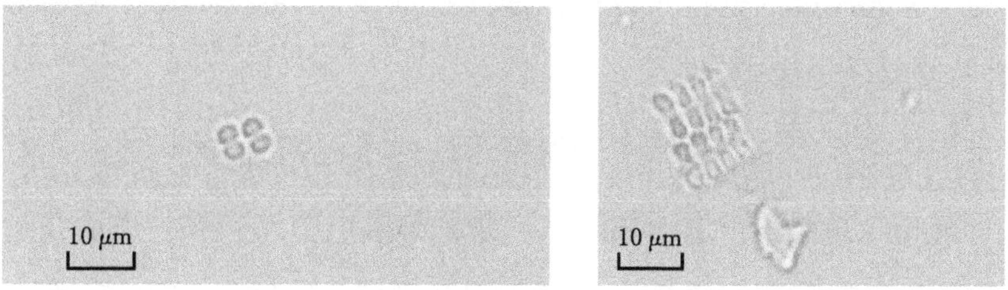

图 6-6　平裂藻属

已报道10种。平裂藻属物种生长在淡水水体中，少数见于海水及微盐水中。

(5) 微囊藻属(图6-7)

微囊藻属于色球藻目。它是一种广泛分布于全球淡水环境中的微生物。微囊藻的特点是能够形成球状的群体，这些群体通常呈现出不规则的网状或窗格状形态。微囊藻的细胞表面覆盖着一层无色、柔软且可溶解的胶质物质。

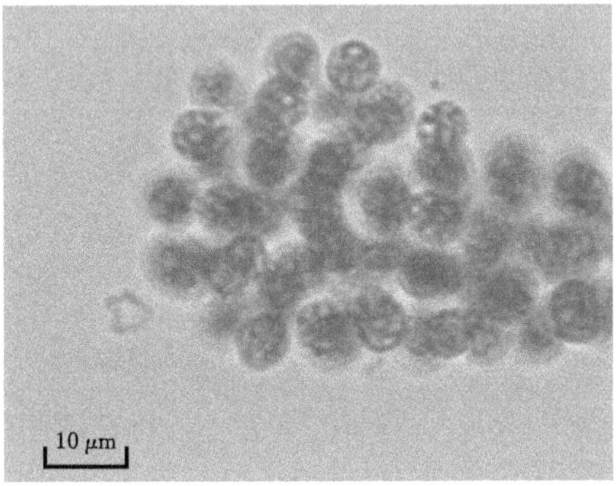

图6-7　微囊藻属

微囊藻的细胞通常呈球形或椭圆形，密集排列在群体中。它们的颜色多为淡蓝绿色或橄榄绿色。有时会在细胞内部形成气泡，这些气泡被称为假空胞。微囊藻属的物种可以自由漂浮在水中，也可以附着在各种水生植物、岩石或其他物体表面。

水华是指水体中大量微生物聚集形成的景观，它们的存在可能对水生生态系统和人类健康产生不利影响。微囊藻属中的许多物种生活在淡水湖泊、水库、河流和池塘等各种淡水环境中。它们通常在夏季和秋季繁殖迅速，当环境条件适宜时，它们可以形成大规模的水华。微囊藻属中的一些物种可以产生一种称为微囊藻毒素的毒素。这种毒素由多肽组成,对许多动物具有毒性,包括鱼类、藻类、浮游生物和水生动物。当人类暴露于含有微囊藻毒素的水体中,可能引发中毒反应,导致胃肠道问题,出现皮肤刺激和呼吸困难等症状。

6.2.1.2 绿藻门

绿藻是微藻中的一类,是一类原核生物,也被称为绿藻植物。它们属于真核生物中的绿色植物分支,是一类光合生物。绿藻门的细胞体内含有类似植物的叶绿素 a,使其呈现绿色。它们通常是单细胞或多细胞的,具有多种形态和结构,如球形、菌丝状、片状和丝状等。绿藻广泛分布于水体中,包括淡水和海水。它们可以生长在水体的表面、底部、岩石上,也可以寄生在其他生物体上。与蓝藻类有所不同。绿藻具有特殊的形态和生理特征,生活在淡水和海水中。常见的一些绿藻,如栅藻、小球藻等,一方面能够引起水华,另一方面能够固碳资源化,在微藻界中独树一帜。

绿藻门的一些物种也能够适应陆地环境,在湿润的土壤、树皮或岩石上生长。绿藻具有光合作用的能力,通过吸收光能将二氧化碳转化为有机物质。它们在生态系统中起着重要的作用,为水体和陆地生态系统提供氧气,是许多食物链的基础。一些绿藻门的物种还具有生物活性物质,具有抗氧化、抗炎、抗肿瘤等医药和保健价值。绿藻是真核生物中最接近植物界的群体,对于理解植物进化和生物多样性的起源具有重要意义。它们也被用作研究植物细胞结构、代谢过程和基因功能等方面的模式生物。

(1) 小球藻属(图 6-8)

小球藻是单细胞植物,单生或多个细胞聚集成群,浮游。种类丰富,多数生活在肥沃淡水中,少数生活在海洋里,有时生长在潮湿土壤、岩石、树干上,有的可与原生动物共生。按植物学分类,小球藻是绿藻门绿藻纲绿球藻目小球藻科小球藻属;单细胞,小型,单生或聚集成群,群体内细胞大小很不一致;细胞呈球形或椭圆形;细胞壁或薄或厚;色素体 1 个,周生、杯状或片状,具 1 个蛋白核或无。

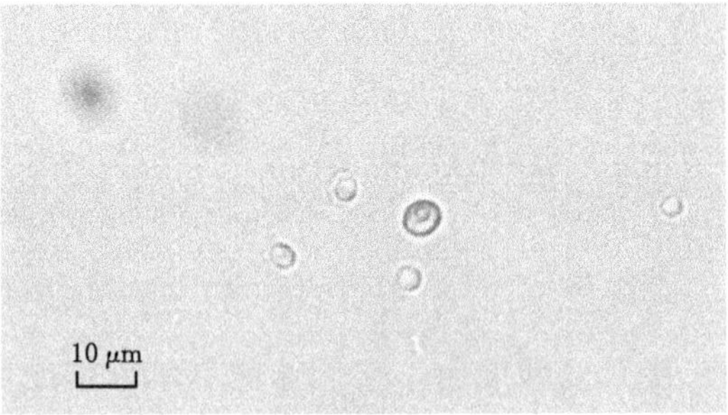

图 6-8　小球藻属

小球藻以似亲孢子进行繁殖。生殖时每个细胞分裂形成 2、4、8 或 16 个似亲孢子,孢子经母细胞壁破裂释放。小球藻作为一类体积小、结构简单、生长迅速的单细胞藻,是一种有效的生物资源。又因其营养价值高且兼具保健功能,被广泛用作食品和水产养殖业的饲料。在许多农作物低产区,它是确保基本蛋白质供给的主要来源。它还含有大量的活性物质,有较大的药用价值。目前,小球藻已被深入研究,在一些国家和地区已有很大程度的开发和利用,先后开发成蛋白源饲料食品、饮料、医药制品等。

(2) 集星藻属(图 6-9)

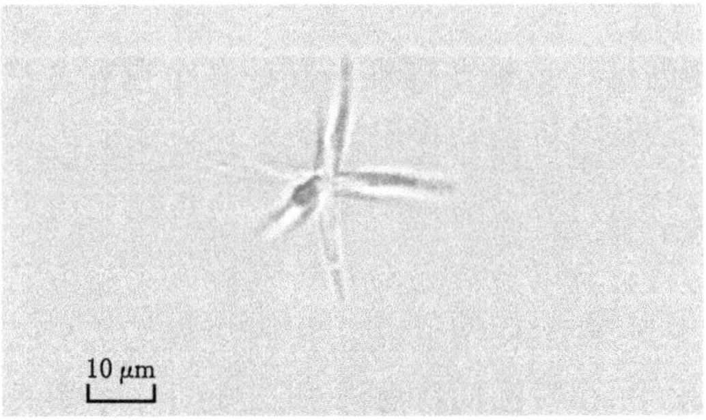

图 6-9　集星藻属

集星藻属为真性定形群体，由 4 个、8 个、16 个细胞组成，以一端在群体中心彼此相连，以细胞长轴从群体中心向外放射排列，浮游；细胞呈长纺锤形、长圆柱形，两段逐渐尖细或略窄，或一端平截、另一端逐渐尖细或狭窄，色素体周生、长片状；形成 4 个、8 个、16 个似亲孢子，孢子在母体内纵向排列 2 束，释放后形成 2 个互相接触的呈辐射状排列的子群体。

(3) 新月藻属(图 6-10)

新月藻属为鼓藻科的一个属。植物体为单细胞，绝大多数种类呈新月形，弯曲，少数平直，狭长，两端逐渐尖细，顶端尖锐或钝圆，横断面圆形。该属超过 300 种，我国约 70 多种；生长在水坑、池塘、湖泊、河流等淡水水域，浮游或附着在近岸的沉水生植物上；多数存在于偏酸性的水体中，有些种类喜在富营养水体中生长。

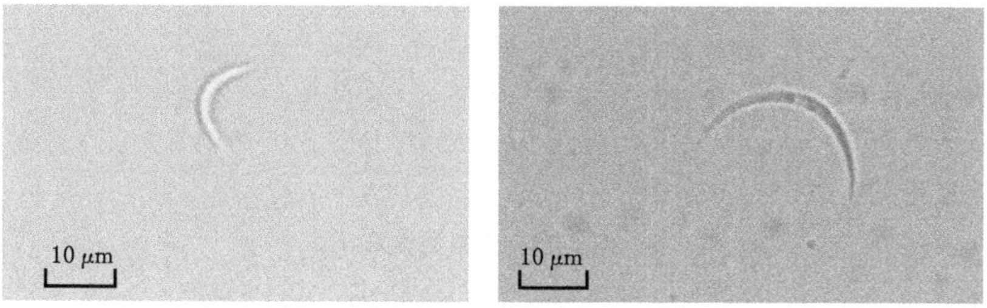

图 6-10　新月藻属

(4) 多芒藻属(图 6-11)

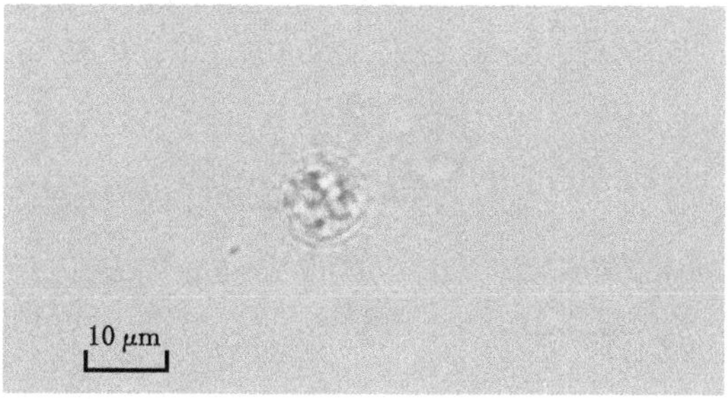

图 6-11　多芒藻属

多芒藻属为单细胞,细胞球形,四周具有多数不规则排列的纤细刺毛;色素体1个,杯状;常见于较肥沃的水体中,在夏秋季节温度较高的月份中生长量较大。

(5) 角星鼓藻属(图6-12)

角星鼓藻属为单细胞,细胞体一般长大于宽,绝大多数辐射对称,大多缢缝深凹;许多种类半细胞侧角长出或长或短的臂状突起,边缘一般为波形,具有齿轮,臂顶端平或具有3～5个刺。该属是鼓藻科主要的浮游种类,生长于各种贫营养或中营养、偏酸性的水体中。

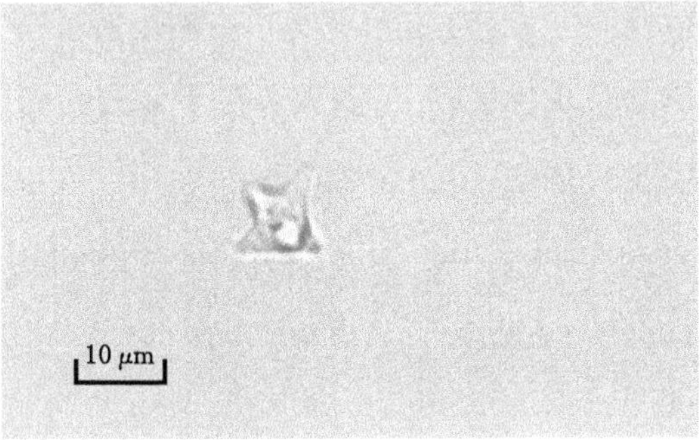

图6-12 角星鼓藻属

(6) 空星藻属(图6-13)

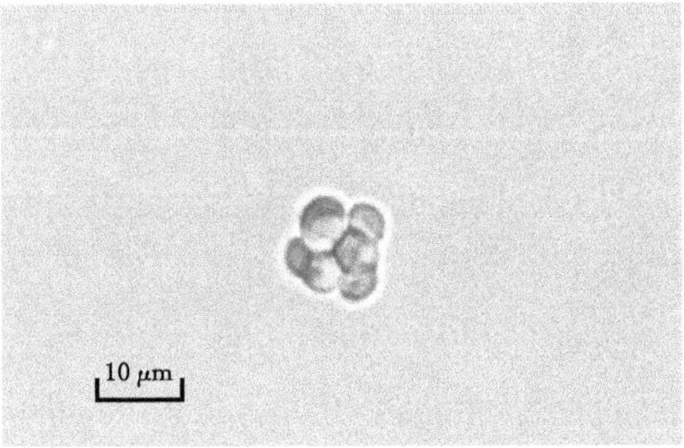

图6-13 空星藻属

植物体为真性定形群体，由 4 个、8 个、16 个、32 个、64 个、128 个或更多细胞组成多孔、中空的球体或多角形体。群体细胞以细胞壁或细胞壁上的凸起彼此连接；细胞呈球形、圆锥形、近六角形、截顶形，细胞壁平滑、部分增厚或具管状凸起，色素体周生；幼时杯状，具 1 个蛋白核，成熟后扩散，几乎充满整个细胞。

(7) 栅藻属(图 6-14)

栅藻属植物体是栅藻科植物，由细胞构成的定形群体。其通常是由 2、4、8 或 16 个、罕为 32 个细胞构成的定形群体；细胞呈椭圆、卵圆、长筒、纺锤、新月形等；每个细胞内有一个片状的叶绿体，一个蛋白核，一个细胞核；细胞壁光滑或有突起、各种刺、刺毛、颗粒、纵肋等。该属广泛生活于池塘、湖泊等水体中。

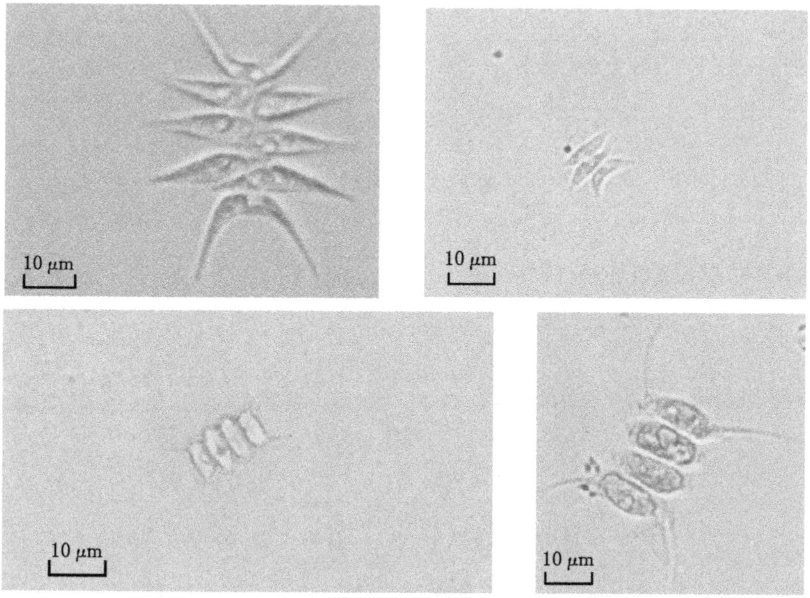

图 6-14　栅藻属

栅藻在水体自净和污水净化中有一定作用，是有机污水氧化塘生物相中的优势种类。它可与细菌同时附着在水中有机物碎片和其他水生植物体上，形成胶质层，吸附有机物。栅藻进行光合作用时，一方面产生氧气供细菌分解有机质的需要，另一方面还可直接利用有机质作为碳源和氮源，使水中有机物迅速降解，从而净化水体。

(8) 蹄形藻属(图 6-15)

蹄形藻属为群体，常由 4 个或 8 个细胞组成一组，包被在群体胶被中；呈细胞蹄形、新月形、镰刀形或柱形；生长在湖泊、池塘、水库、沼泽。

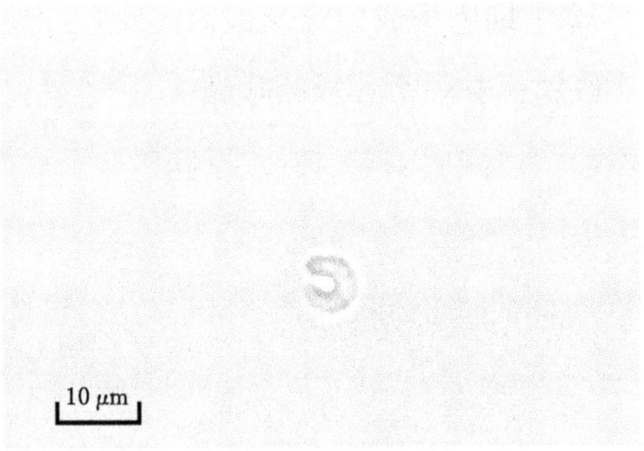

图 6-15　蹄形藻属

(9) 弓形藻属(图 6-16)

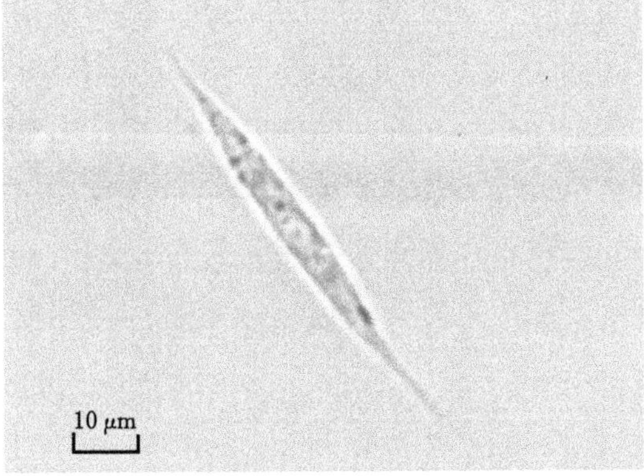

图 6-16　弓形藻属

弓形藻属为单细胞，细胞呈纺锤形，直或弯曲。细胞壁两端延长成长刺，刺的末端或均为尖形，或仅一端变尖，另一端膨大，呈圆盘状或双叉状；色素体 1 个，片状，周生；产于静水的湖泊、池塘中。

(10) 空球藻属(图 6-17)

空球藻属，团藻科的一个属。定形群体呈球形或椭圆形，由 8～64，多为 32 个细胞排列成为 1 层，共同埋藏于 1 个胶被之内；有的种类，群体后端的胶被有几个乳状突起，使群体呈现极性。细胞与细胞之间通过原生质联系，每个细胞与 1 个衣藻相似，有 1 个细胞核、1 个含有蛋白核的色素体、1 个眼点、2 个伸缩泡，有 2 根鞭毛伸出胶被之外。有些种类的眼点，自群体前端到后端，逐渐小甚至没有。本属分布于全世界，多生活于水池和沟渠中，常是浮游生物中的组成成分。

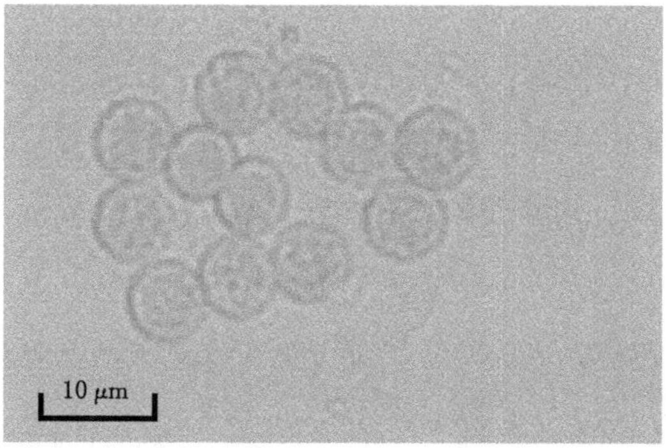

图 6-17　空球藻属

(11) 月牙藻属(图 6-18)

该群体通常 4 个、8 个或 16 个细胞为一群，数个群彼此联合成多达 100 个细胞以上的群体。群体无胶被。细胞呈新月形或镰形，两端尖。色素体大，1 个，片状。该属分布于各种淡水水体中。

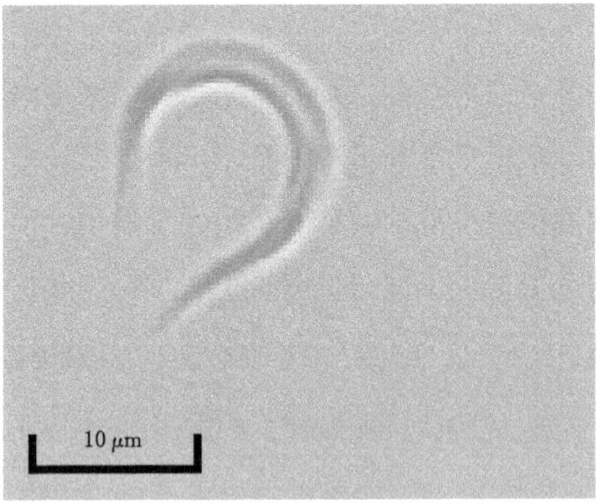

图 6-18　月牙藻属

(12) 盘星藻属(图 6-19)

盘星藻属是水网藻科的一个属,多数是由 8、16、32 个细胞构成的定形群体,细胞排列在一个平面上,大体呈星盘状;每个细胞内常有一个周位的盘状的色素体和一个蛋白核,有一个细胞核;细胞壁光滑,或具各种突出物,有的还具各种花纹。该属在湖泊、池塘、沟渠、稻田中常见,也有些生于潮湿土壤之上。

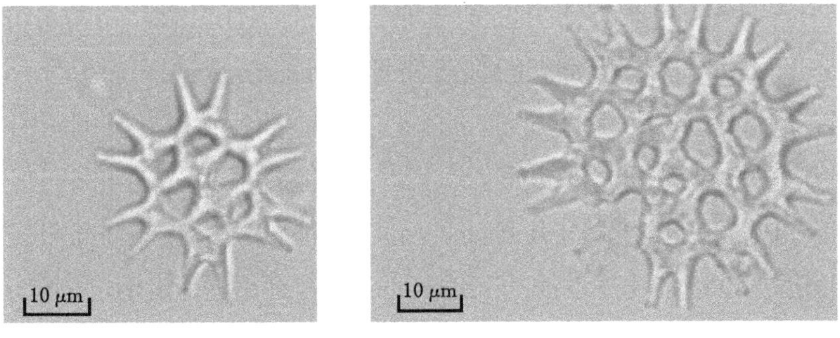

图 6-19　盘星藻属

(13) 团藻属(图 6-20)

植物体是由 500～50 000 个以上细胞构成的球形或卵形的定型群体或多细胞个体，直径 0.5～1.5 mm。球体由 1 层细胞组成，细胞外具有 1 层胶鞘，鞘与鞘相接；群体中央有一大的空腔，其中充满极稀的水样胶体；细胞呈卵形，细胞内有 1 个细胞核、1 个含有蛋白核的色素体；细胞与细胞之间常有在细胞分裂时保留的原生质丝的相连部分，有些种类细胞间相连部分较大，致使细胞呈星芒状，另一些种类则在分裂中，并未留下任何相连部分。

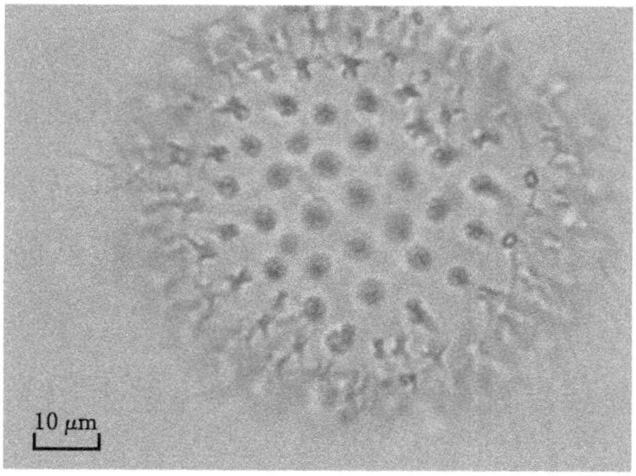

图 6-20　团藻属

(14) 微芒藻属(图 6-21)

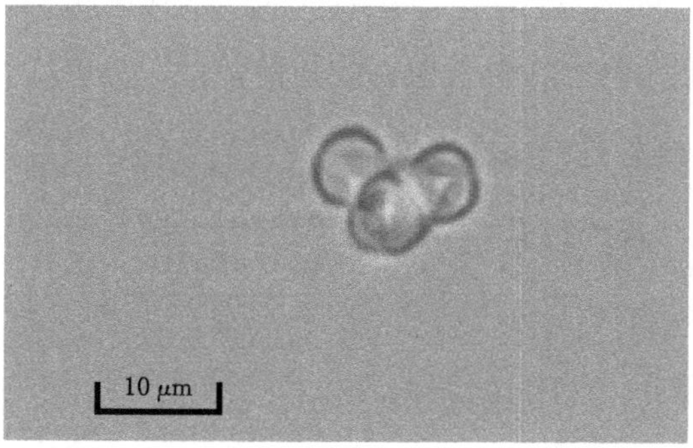

图 6-21　微芒藻属

该属为定形群体，细胞呈球形或扁平，常由 4 个细胞一起排列成四方形或不规则群体，细胞壁一侧有 1～10 条长刺，色素体 1 个，杯状。该属分布在各种静水水体中，一般夏末秋初大量繁殖。

6.2.1.3 硅藻门

硅藻是指硅藻门中的一类单细胞植物。它们具有硅质的外壳，通常呈现出各种形状和结构。硅藻常由几个或很多细胞个体连接形成各式各样的群体。硅藻的形态多种多样。硅藻常用一分为二的繁殖方法产生。硅藻广泛分布于淡水和海水中，包括湖泊、河流、海洋等环境中。它们是水体中最重要的浮游植物之一，对生态系统具有重要的影响。硅藻在海洋和淡水食物链中起着关键的角色，为其他生物提供了食物来源。此外，硅藻也在环境监测和古气候研究中发挥重要作用，它们的化石可以提供有关古环境和古气候的信息。由于硅藻的丰富多样性和生态重要性，对其的研究具有很高的科学和应用价值。

(1) 针杆藻属(图 6-22)

针杆藻属是硅藻门羽纹纲无壳缝目脆杆藻科的一个属。细胞单独生活，或簇生成射出状或扇状体。大多数种类生长在淡水中，少数是沿海底部生长的。细胞细长，附着在其他植物或其他物体上。单细胞，丛生呈扇形或以每个细胞的一端相连形成放射状群体，罕见形成短带状，但不形成长的带状群体。壳面线形或长披针形，从中部向两端逐渐狭窄，末端钝圆或呈小头状。假壳缝呈狭、线形，其两侧具横线纹或点纹，壳面中部常无花纹。带面呈长方形，末端截形，具明显的线纹带，无间插带和隔膜。壳面末端有或无黏液孔；色素体呈带状，位于细胞的两侧，片状，2 个；每个色素体常具 3 个到多个蛋白核。

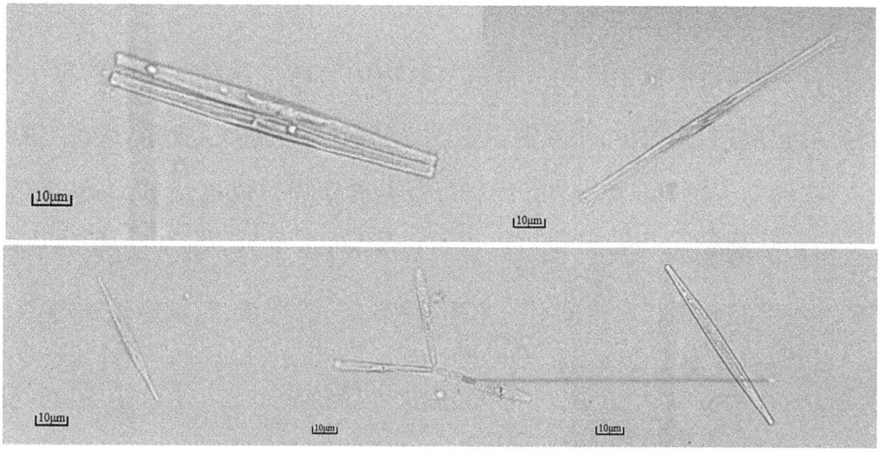

图 6-22　针杆藻属

(2) 小环藻属(图 6-23)

小环藻属隶属中心纲圆筛藻科。小环藻为盐性的硅藻物种,大部分可以生活在淡水环境中,少数生活在一些咸水湖或者海洋环境中。有些种类壳面互相连接形成直的或螺旋的链状群体,或包在胶被中。细胞圆盘形或鼓形。壳面圆形,少数种类是椭圆形,常具同心圆的或与切线平行波状皱褶,边缘带有放射状排列的孔纹或线纹,中央部分平滑或具放射状排列的孔纹。

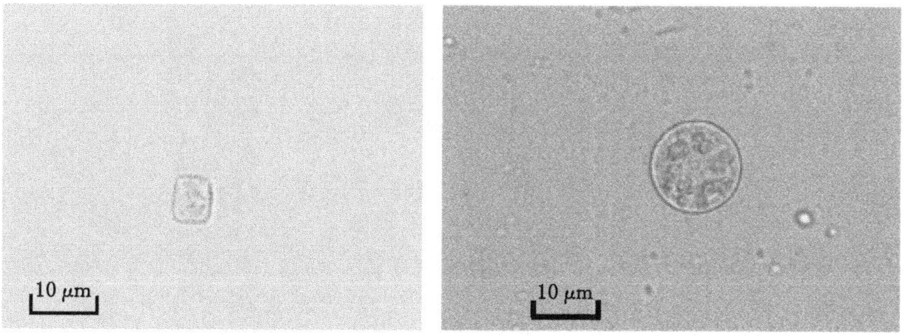

图 6-23　小环藻属

(3) 舟形藻属(图 6-24)

舟形藻属是舟形藻目的一个属。植物体为单细胞;浮游,壳面呈线形、菱形、椭圆形;两侧对称,末端钝圆、近头状或喙状;中轴区狭窄、线形或披针形,壳缝线形。该属具中央节和极节,中央节呈圆形或椭圆形,壳缝两侧具点纹组成的横线纹,或布纹、肋纹、窝孔纹,一般壳面中间部分的线纹数比两端的线纹数略为稀疏。带面呈长方形,平滑,无间生带,无真的隔片;色素体呈片状或带状,多为 2 个,罕为 1 个、4 个、8 个。

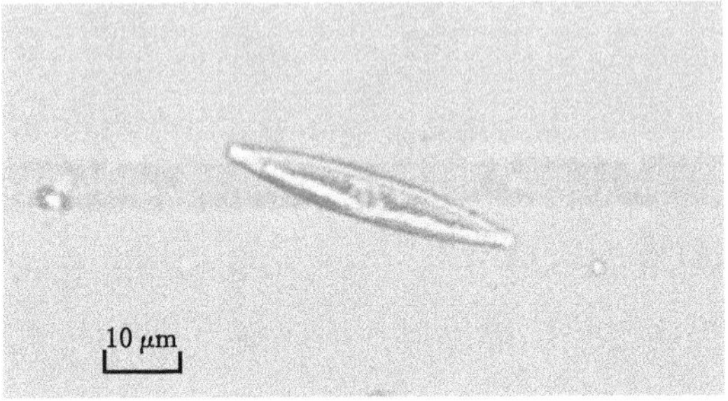

图 6-24　舟形藻属

(4) 直链藻属(图 6-25)

直链藻属硅藻植物体由细胞的壳面互相连成链状群体,多为浮游;细胞

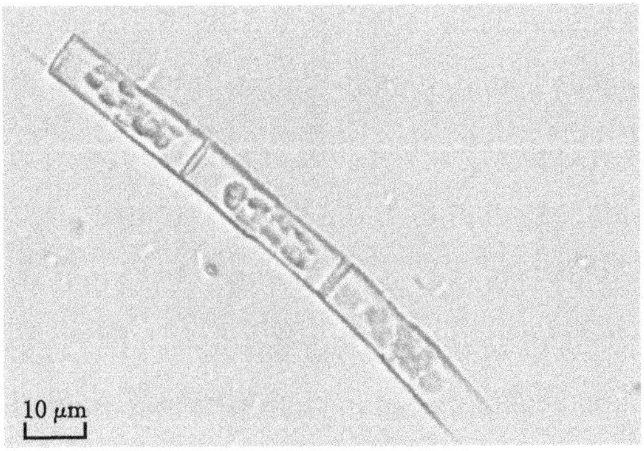

图 6-25　直链藻属

呈圆柱形，极少数呈圆盘形、椭圆形或球形；壳面呈圆形，平或凸起，有或无布纹，有的带有一条线形的环状缢缩，称之为“槽沟”，环沟间平滑，其余部分平滑或具布纹，有两条环沟时，两条环沟间的部分称为“颈部”，细胞间有沟状的缢入部，称为“假环沟”；壳面常有棘或刺。

6.2.1.4　隐藻门

隐藻门是一大类的藻类，淡水中常见。细胞大小约为 10～50 μm，形状扁平，有两个稍微不等长的鞭毛。隐藻一个著名特征是能寄生于红藻中，形成一种内共生关系，并把藻胆素带给宿主。隐藻为单细胞，前端较宽，钝圆或斜向平截。多数种类具有鞭毛，能运动；前端较宽，钝圆或斜向平截；有背腹之分，侧面观背面隆起，腹面平直或凹入；前端偏于一侧，具有向后延伸的纵沟，有的种类具有 1 条口沟，自前端向后延伸，纵沟或口沟两侧常具有多个棒状的刺丝泡。鞭毛有 2 条，略等长，自腹侧前端伸出或生于侧面。种类细胞不具纤维素细胞壁，细胞外有一层周质体，柔软或坚固。多数种类具有鞭毛，能运动。隐藻的光合作用色素有叶绿素 a、c、β 等，还有藻胆素。色素体 1～2 个，呈大形叶状。隐藻的颜色变化较大，多为黄绿色、黄褐色，也有蓝绿色、绿色或红色的。

隐藻门植物种类不多，但分布很广，淡水、海水均有分布，隐藻对温度、光照适应性极强，无论夏季和冬季，冰下水体中均可形成优势种群。沼盐隐藻是广盐性种类，既能生活在海湾、河口低盐水域，也能忍受盐沼池的高盐水。隐藻喜生于有机物和氮丰富的水体，是我国传统高产肥水鱼池中极为常见的鞭毛藻类，有隐藻水华的鱼池，白鲢生长好、快、产量高，隐藻是水肥、水活、好水的标志。

(1) 隐藻属(图 6-26)

隐藻属细胞呈椭圆形、豆形、卵形、圆锥形、S 形等；背腹扁平，背侧明显隆起,腹侧平直或略凹入,前端呈钝圆或斜截,后端呈宽或狭的钝圆形;纵沟和口沟明显,鞭毛2条,略不等长,自口沟伸出,常小于细胞长度;色素体多为2个,有时1个,呈黄绿色或黄褐色,或有时为红色;细胞核1个,位于细胞后端;分布广,湖泊、鱼池极常见。

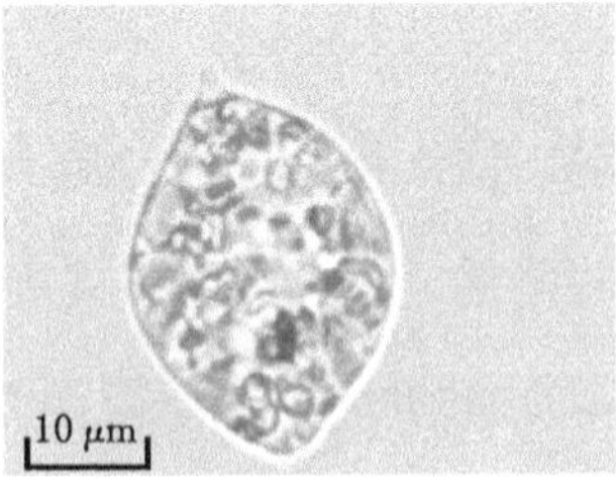

图 6-26　隐藻属

6.2.1.5　金藻门

藻体为单细胞、群体和分枝丝状体。多数种类的藻体无细胞壁,具眼点,有鞭毛,能运动;载色体呈黄绿色、金黄色或褐色;储藏物质为金藻糖或脂滴。主要以细胞分裂、群体断裂成片等方式进行繁殖;多分布于淡水,一般在温度低、有机质含量少、微酸性水体中生长较多。藻体多为单细胞或群体,少数为丝状体,多数种类具鞭毛,能运动。鞭毛有两条,等长或不等长;一条或三条鞭毛的很少。细胞裸露或在表质上具有硅质化鳞片、小刺或囊壳。大多数种类为裸露运动细胞,在保存液中会失去几乎所有细胞特征。金藻的色素体仅一个或两个,片状,侧生。贮存物质为白糖素和油滴。白糖素呈光亮而不透明的球体,称白糖体,常位于细胞后部。细胞核一个;液胞一个或两个,位于鞭毛的基部。单细胞种类的繁殖,常为细胞纵分成两个子细胞,群体以群体断裂成两个或更多的小片,每个片段长成一个新的群体,或以细胞从群体中脱离而发育成一新群体。

6.2.1.6　裸藻门

裸藻门(图 6-27)除胶柄藻属外，都是无细胞壁、有鞭毛、能自由游动的单细胞植物。裸藻大多数分布在淡水中，少数生长在半咸水中，很少生活在海水中，特别是在有机质丰富的水中，生长良好，是水质污染的指示植物。夏季裸藻大量繁殖使水呈绿色，并浮在水面上形成水华。

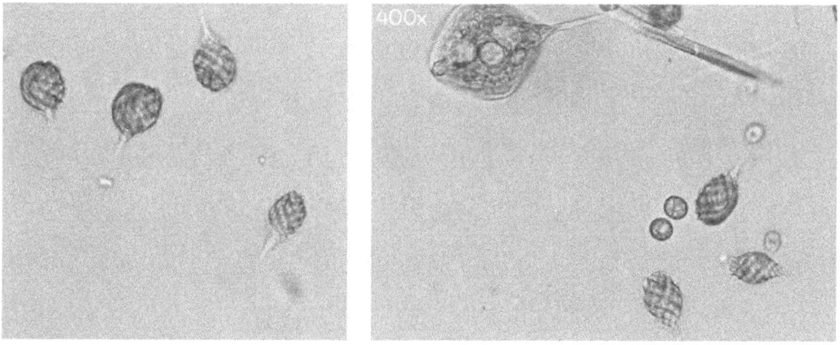

图 6-27　裸藻门

裸藻以细胞纵裂的方式进行繁殖。细胞分裂可以在运动状态下进行，也可以在胶质状态下进行。分裂开始时，着生鞭毛一端发生凹陷，同时细胞核开始有丝分裂，鞭毛器和眼点也分裂，这些过程结束后，细胞本身发生缢裂。缢裂的结果，叶绿体和裸藻淀粉粒在每个子细胞中各保留一半，一个子细胞保留原有的鞭毛，另一个子细胞长出一条新的鞭毛。在胶质状态下，细胞分裂时首先失去鞭毛，并分泌厚的胶被，细胞在胶被内反复分裂，形成许多细胞的胶群体。环境适宜时，每个细胞发育成 1 个新的个体。有时细胞停止运动，分泌一层厚壁，变成孢囊。孢囊可帮助裸藻度过恶劣环境。环境一旦好转，原生质从厚壁中脱出，萌发成新个体。

6.2.1.7　甲藻门

甲藻门(图 6-28)绝大多数种类为单细胞，丝状的极少。细胞呈球形或针状，背腹扁平或左右侧扁。细胞裸露或具细胞壁，壁薄或厚而硬。纵裂甲藻类，细胞壁由左右 2 片组成，无纵沟或横沟。横裂甲藻类壳壁由许多小板片组成；板片有时具角、刺或乳头状突起，板片表面常具圆孔纹或窝孔纹。大多数种类具 1 条横沟和纵沟。

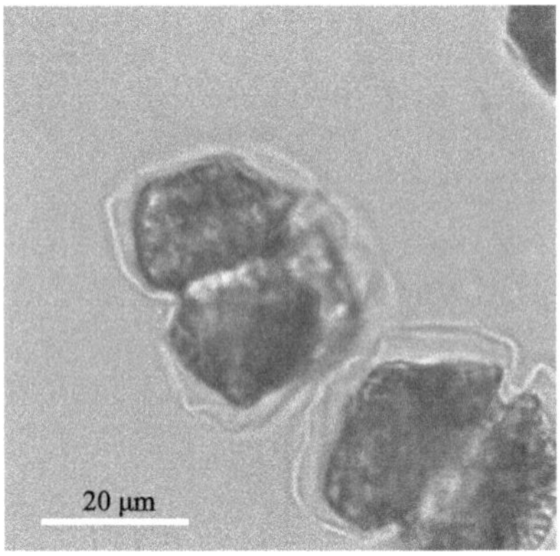

图 6-28　甲藻门

甲藻门分布十分广泛，在海水、淡水和半咸水中均有分布，多数种类生活在海洋中，几乎遍及世界各大海域。该门的藻类植物通过光合作用，合成大量有机化合物，这些有机化合物是海洋小型浮游动物的重要饵料之一。水域营养物质浓度过高时，会导致甲藻爆发式的增长繁殖，形成水华，使水变色，发出腥臭味。如链状裸甲藻暴发，产生细胞毒性的麻痹性贝毒素，形成赤潮，曾经导致人呼吸困难，中毒死亡[108]。

(1) 角甲藻属(图 6-29)

角甲藻属为单细胞，明显不对称；细胞具有顶角 1 个，底角 2～3 个；鞭毛 2 条，从横沟和纵沟相交处的鞭毛孔伸出；分布于池塘、湖泊和海洋中。多数甲藻对光照强度和水温范围要求严格，在适宜的光照和水温条件下，甲藻在短期内大量繁殖，造成海洋“赤潮”。生活在淡水中的甲藻喜在偏酸性水中生活。水中含腐殖质酸时,常有甲藻存在。有的也在硬度大的碱性水中生活。典型的沿岸表层型种类,不同水体中均有发现,春秋季节常在池塘、湖泊或江河中形成水华。

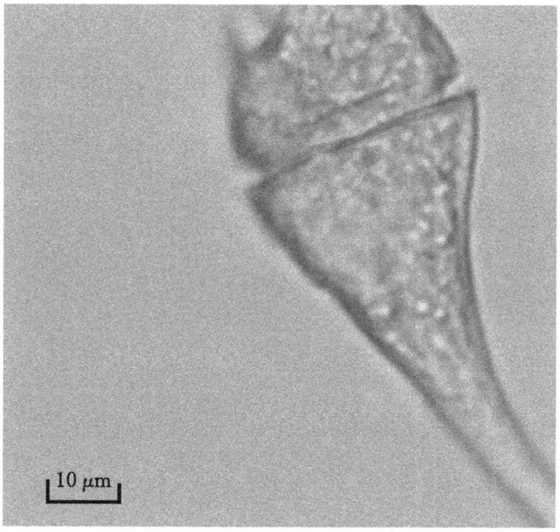

图 6-29　角甲藻属

(2) 多甲藻属(图 6-30)

多甲藻属是甲藻门多甲藻目多甲藻科最常见的一个属。多甲藻罕为多角形,横断面常呈肾形;横沟显著,多数为左旋,也有为右旋或环状的,横沟将植物体分为上、下壳,纵沟略上伸到上壳;胞壁厚,具平滑或具窝孔状的板片。

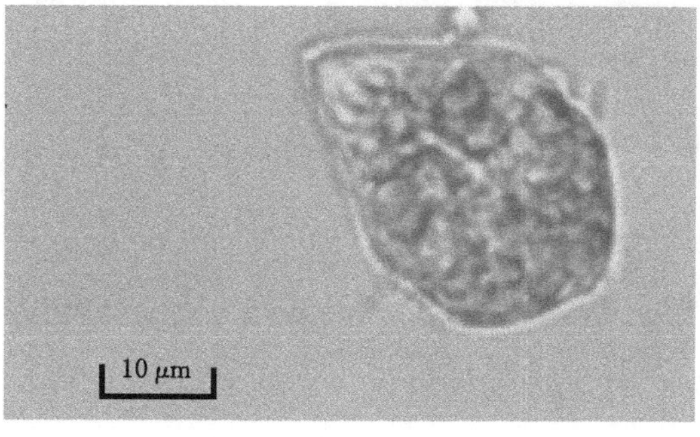

图 6-30　多甲藻属

6.2.2 细菌

在工业化和人口膨胀的推动下,细菌的浓度增加,群落组成发生了变化,地球气候与水循环面临更大挑战。通常,人们按照特征对细菌进行分类。例如依据细胞壁成分可将其分为革兰氏阴性菌和革兰氏阳性菌;依据形状可将其分为球菌、杆菌和螺旋菌;依据氧气需求可将其分为需氧菌、厌氧菌、有氧耐受菌和完全厌氧菌;依据生活方式可将其分为自养菌、腐生菌和寄生菌。

6.2.2.1 厚壁菌门

厚壁菌门(图 6-31)是原核生物界中一类细胞壁厚度为 10～50 nm 细菌的高级分类单元,包括一大类细菌,多数为革兰氏阳性菌。厚壁菌门细胞壁含肽聚糖量高约 50%～80%,细胞壁厚 10～50 nm,多为球状或杆状。厚壁菌门细菌大多为革兰氏阳性菌,通过短链脂肪酸合成,在宿主的营养和代谢中发挥关键作用。金黄色葡萄球菌为一种革兰阳性、非运动型、凝固酶阳性的球菌,属于厚壁菌门。金黄色葡萄球菌是临床中最重要的物种,在普通人

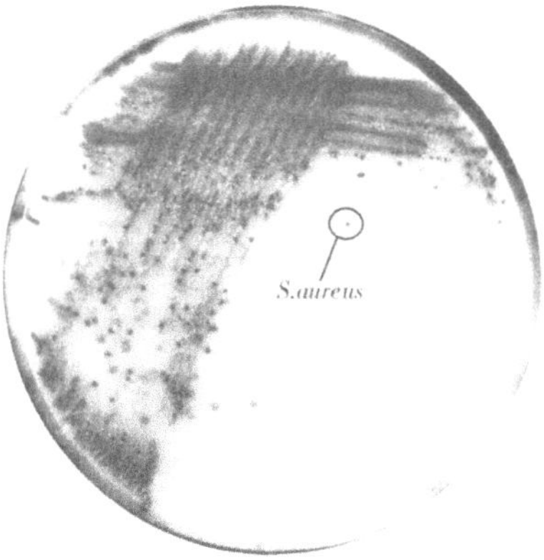

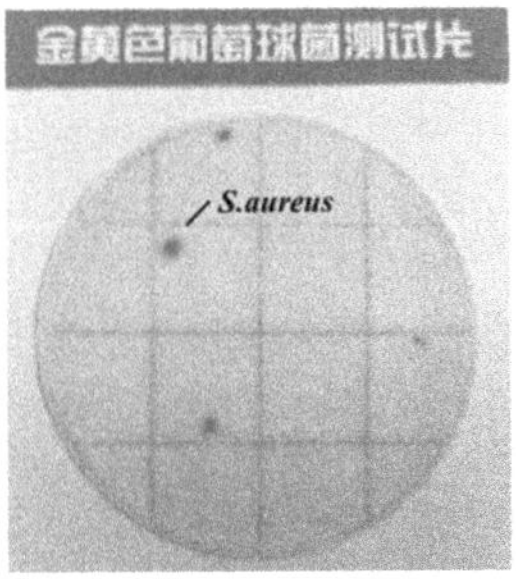

图 6-31　金黄色葡萄球菌显色培养基

群鼻黏膜中的定值率达 20%～40%;在培养基中呈双球或短链排列。

微生物群落与健康有关,通常细菌群仅由两个细菌门——革兰氏阳性厚壁菌门(许多属)和革兰氏阴性拟杆菌门(主要是拟杆菌属、副拟杆菌属和普氏菌属)控制,它们共同构成了微生物中的大多数细菌分类群。此外还有其他分类群,包括变形菌门、放线菌门、梭杆菌门、产甲烷古菌、真核生物(原生生物和真菌)等。

6.2.2.2　变形菌门:革兰氏阳性菌

变形菌门主要是由核糖体 RNA 序列定义的,名称取自希腊神话中能够变形的神 Proteus(这同时也是变形菌门中变形杆菌属的名字),因为该门细菌具有极为多样的形状。该门成员均为革兰氏阴性菌,其外膜主要由脂多糖组成。变形菌门代表了细菌域中最大的一门,其中包括很多病原菌,如大肠杆菌、沙门氏菌、霍乱弧菌、幽门螺杆菌等。

大肠杆菌是革兰氏阴性菌,又叫大肠埃希氏菌(图 6-32),一般呈杆状。该菌种属于动物肠道内正常的寄居菌种,在人体机体正常时,和人体属于互利共生关系。大肠杆菌也是条件致病菌,在一定条件下可以引起人和多种

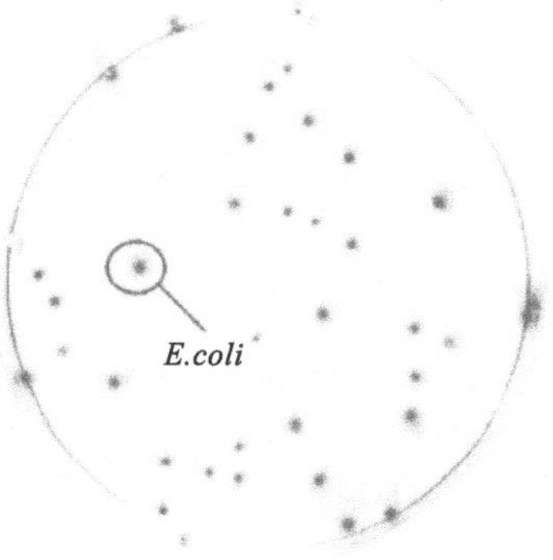

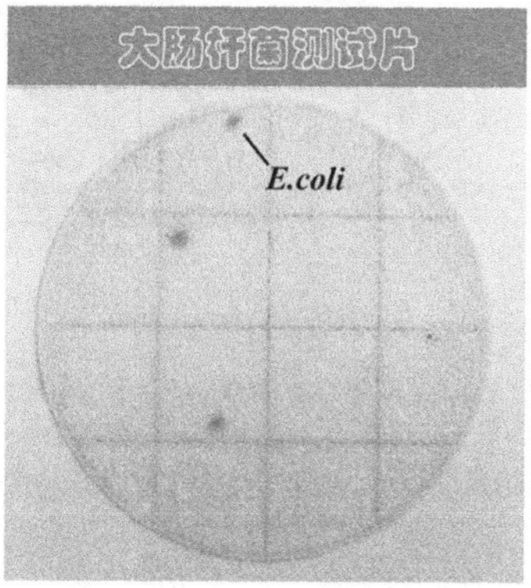

图 6-32　大肠埃希氏菌显色培养基

动物发生胃肠道感染或尿道等多种局部组织器官感染。大肠杆菌依靠鞭毛的旋转进行游动,但其鞭毛的生长过程至今尚未研究清楚。建立数学模型能够对鞭毛生长的影响作阐明和分析。研究人员发现在群体水平上大肠杆菌鞭毛的生长速率与鞭毛长度呈负相关关系,并且不同鞭毛在相同长度下的生长速率具有较大差异[109]。

6.2.3 真菌

真菌细胞同其他一些真核生物的细胞相似,由细胞壁、细胞质膜、细胞质和细胞核组成。细胞质中包含有真核生物细胞中常见的各种细胞器,如线粒体、膜边体、液泡、泡囊、内质网、核蛋白体和伏鲁宁体等。另外,真菌细胞中还含有其他一些内含物,如微管、脂肪体、结晶体及色素等。目前,全世界已记载的真菌有10万种以上,只发现少数真菌与人类疾病有关。观察真菌需要用到生物显微镜或者荧光显微镜。霉菌属于真菌中的一种,又称丝状真菌,也可以理解为“发霉的真菌”,霉菌产生的霉菌毒素会对人体造成伤害。真菌细胞结构示意图如图6-33所示。

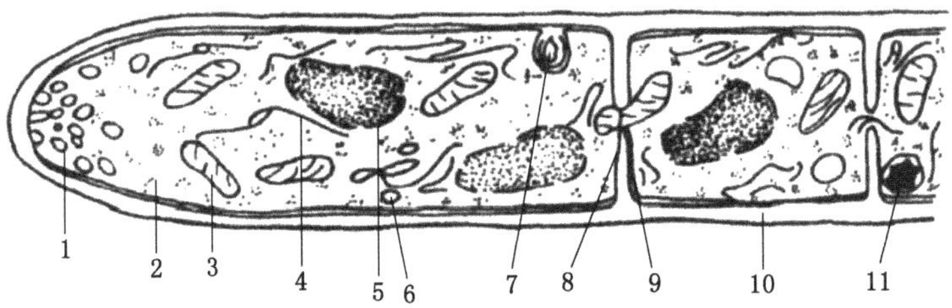

1—泡囊;2—核蛋白体;3—线粒体;4—内质网;5—细胞核;6—泡囊产生系统;7—膜边体;8—隔膜;9—隔膜孔;10—细胞壁;11—伏鲁宁体。

图6-33 真菌细胞结构示意图

霉菌无性繁殖产生孢子囊。大型孢子囊一般呈顶生,一个孢子囊的内含物能够割裂成许多的单核部分,这些部分在其外围分泌细胞壁,并发育成一种孢子，称之为孢囊孢子。一个孢子囊内的孢囊孢子数目多不固定，通常为 50～100 个，多则可达到 10 万个。

真菌几乎是地球上所有生态系统的系统发育和功能多样化的重要组成部分，在养分循环和物质转化过程中发挥着关键作用；特别是在水生生态系统中，水生真菌的相对丰度达到所有真核生物序列的 50%。据估计，真菌物种总数约为 0.7×10^6～1.5×10^6 种，其中 74 000～120 000 种被描述。已有研究表明，子囊菌门、担子菌门和壶菌门是湖泊中最常见的主要真菌门[110-111]。例如，黄河源头的 10 个淡水湖泊以及鄱阳湖流域的 6 个子湖中的微生物群落中，子囊菌门、担子菌门和壶菌门是主要真菌群落的主要物种；但是，不同湖泊中的优势门类存在明显差异。研究发现，2022 年长江口及其毗邻海域水体真菌群落结构组成以子囊菌门为主，担子菌门次之。真菌的输入是不可忽视的因素，如长江水体中粪壳菌纲为优势类群，一定程度影响真菌群落结构[112]。

真菌可以通过团聚体的形式将表层有机物转移到底层环境中，进而促进底层微生物群落的改变。此外，真菌通常具有坚固的富含几丁质的细胞壁，并且完全通过分泌胞外消化酶以渗透滋养的方式获得营养，这种对渗透作用的依赖决定了真菌对营养丰富且可以附着的环境具有一定偏好，如动植物宿主、沉积物和颗粒碎屑环境。适宜的温度和潮湿的环境中，容易长出毛茸茸的各色霉菌，只需几天光景，就会生出肉眼可见的绒毛，那绒毛便是霉菌的菌丝。

地表水体如湖泊、水库中真菌种类众多，真菌比细菌群落具有更低的稳定性，较难承受更强烈的环境变化，作为地球表层系统中各个圈层相互作用的枢纽，具有独特水文特征[113]。在生物地球化学循环过程中，真菌支撑着重要的生态系统功能和服务，维持着陆地微生物和水生生物的多样性。

第7章　结论与展望

7.1　结论

本研究通过运用基于计算机仿真等技术的环境流动模拟方法，对水体、大气、土壤环境中的多相流动现象进行了模拟与深入细致的分析。研究不仅探究了城市地表水体、大气环境中生物流动现象和传质特性，也揭示了流动现象对生态研究与环境管理的重要意义。通过建立数学模型、数值模拟、流场可视化与实验验证，能够开展环境生物流体的模拟研究，有助于更深入地、生动地理解环境中的流动现象与机遇，为碳中和新时代背景下节能减排目标实现提供可靠方法与有科学依据的数据，为环境保护、新污染物治理与大气、水、耕地环境生态“智”治管理提供了新技术选择。

7.2　本书的特色与创新

本书在以下三方面有所创新：

(1) 通过列举旋风式旋流反应器、柱式膜生物反应器、锥形螺旋管式反应器等的 CFD 模型设计方法，为读者展示了生物流动模拟研究的模型设计方法。

(2) 将环境生物流动可视化 PIV 技术引入模型中,不仅考察协变量的空间效应,同时考察其时间效应,从物质质量传递层面量化复杂水文循环下介质中生物运移的环境流体动力学特征与风险。

(3) 将生物分类学引入模型研究并进行拓展,考察了不同流域不同季节下地表水环境微藻、空气生物气溶胶群落分布特征,充分利用样本的空间和时间信息,进一步开展基于大数据的生物流体流动模式的构建,为更深入地探讨生物流体关键机理、开展环境生物管理与资源利用、健康危害生物的运移扩散与风险评估提供实证信息。

7.3 展望

本研究过程中,通过 CFD 方法对环境中多相生物流动过程进行了研究,取得了一定成果。然而,由于时间和学术能力有限,本书在生物危害健康风险评估模型方面的研究不够充分,将在后续科学研究中继续夯实加强。

基于生物流体流动现象的环境效应是一个非常广泛的研究课题,比如:探索不同密度生物颗粒流动模型设计的方法,不同形状生物颗粒的传质机理,城市群不同组成的生物颗粒物大气扩散模型优化方法与风险评估等,今后有待更深入地研究。

参考文献

[1] BAI X M,MCPHEARSON T,CLEUGH H,et al. Linking urbanization and the environment:conceptual and empirical advances[J]. Annual Review of Environment and Resources,2017,42:215-240.

[2] 陶玮,刘峻峰,陶澍.城市化过程中下垫面改变对大气环境的影响[J].热带地理,2014,34(3):283-292.

[3] 赵孝威,张洪波,李同方,等.中国城市水资源短缺类型与发展轨迹识别:以32个主要城市为例[J].自然资源学报,2023,38(10):2619-2636.

[4] YANG W,YANG Z F,QIN Y. An optimization approach for sustainable release of e-flows for lake restoration and preservation:Model development and a case study of Baiyangdian Lake,China[J]. Ecological Modelling,2011,222(14):2448-2455.

[5] SUN J Q,WANG X J,SHAHID S,et al. Spatiotemporal changes in water consumption structure of the Yellow River Basin,China[J]. Physics and Chemistry of the Earth,Parts A/B/C,2022,126:103112.

[6] 胡庆和.流域水资源冲突集成管理研究[D].南京:河海大学,2007.

[7] BHUIYAN C. Environmental flows:issues and gaps:a critical analysis [J]. Sustainability Science,2022,17(3):1109-1128.

[8] 陈江涛,肖维,赵炜,等.计算流体力学验证与确认研究进展[J].力学进展,2023,53(3):626-660.

[9] 张来平,邓小刚,何磊,等.E级计算给CFD带来的机遇与挑战[J].空气动力学学报,2016,34(4):405-417.

[10] 杨毅,王保国,彭勇.中空纤维膜组件壳程流动的数值模拟[J].化工学报,2008,59(8):1979-1985.

[11] 廖崇吉.布置有表面织构的圆柱绕流减阻性能研究[D].成都:西南石油大学,2016.

[12] 吴剑,齐鄂荣,李炜,等.应用PIV系统研究横流中近壁水平圆柱绕流旋涡特性[J].水科学进展,2005,16(5):628-633.

[13] 赵靓.湍流促进器对平板膜分离过程影响的研究[D].天津:天津大学,2013.

[14] 王波.超声波强化膜生物反应器处理低温城市污水脱氮性能研究[D].哈尔滨:哈尔滨工业大学,2010.

[15] 张川,谢锐,李晓迎,等.迪恩涡强化新型3D螺旋膜性能的研究[C]//第一届全国过滤与分离学术交流会暨一届三次过滤与分离产业技术协同创新研讨会论文集,山东,德州, 2019.

[16] 朱振,田晶,江静,等.微藻叶绿体细胞器工厂研究进展[J].合成生物学,2022,3(6):1218-1234.

[17] 杜长雷,迟庆雷,张军,等.立式管排式微藻光生物反应器的设计及应用[J].能源化工,2022,43(1):9-13.

[18] 程军,杨宗波,黄云,等.核诱变驯化微藻固定燃煤烟气中的CO_2[J].燃烧科学与技术,2016,22(3):193-197.

[19] PRIBADYO P,HADIYANTO H,JAMARI J. Computational fluid dy-

namic (CFD) analysis of propeller turbine runner blades using various blade angles[J]. INTERNATIONAL JOURNAL OF ENERGY RESEARCH,2021,21(3): 385-400.

[20] DETRELL G. Chlorella vulgaris photobioreactor for oxygen and food production on a moon base - potential and challenges[J]. Frontiers in Astronomy and Space Sciences,2021,8:124.

[21] 高娜娜. 金属套管式微通道反应器中乙醇胺吸收二氧化碳的研究[D]. 北京:北京化工大学,2011.

[22] 李明春,张进,吴玉胜,等. 气固反应多孔填充床反应特性的多尺度模拟[J]. 过程工程学报,2013,13(5):855-861.

[23] 张建伟,安丰元,董鑫,等. 基于阶跃射流的撞击流反应器流场动态特性分析[J]. 化工学报,2022,73(2):622-633.

[24] 杨雄,彭永臻,宋姬晨,等. 进水中碳水化合物分子大小对污泥沉降性能的影响[J]. 中国环境科学,2015,35(2):448-456.

[25] BEJAN A,ZANE J P. Design in nature:how the constructal law governs evolution in biology,physics,technology,and social organizations[J]. Revue Roumaine des Science Techniques,2014,59(3):335.

[26] CHEN L G,FENG H J,XIE Z H,et al. Progress of constructal theory in China over the past decade[J]. International Journal of Heat and Mass Transfer,2019,130:393-419.

[27] TANG W,FENG H J,CHEN L G,et al. Constructal design for a boiler economizer[J]. Energy,2021,223:120013.

[28] KUDDUSI L,EĞRICAN N. A critical review of constructal theory[J]. Energy Conversion and Management,2008,49(5):1283-1294.

[29] BEJAN A. Constructal theory of design in engineering and nature[J]. Thermal Science,2006,10(1):9-18.

[30] BEJAN A. Boundary layers from constructal law[J]. International Communications in Heat and Mass Transfer,2020,117:104672.

[31] BEJAN A,LORENTE S. The constructal law and the evolution of design in nature[J]. Physics of Life Reviews,2011,8(3):209-240.

[32] YE Z Y,QIN H K,CHEN Y T,et al. An equivalent pipe network model for free surface flow in porous media[J]. Applied Mathematical Modelling,2020,87:389-403.

[33] GAWALI S S,BHAMBERE M B. Effect of design and the operating parameters on the performance of cyclone separator[J]. International Journal of Mechanical Engineering and Robotics Research,2015,4(1):244-248.

[34] YANG Z F,DEL NINNO M,WEN Z Y,et al. An experimental investigation on the multiphase flows and turbulent mixing in a flat-panel photobioreactor for algae cultivation[J]. Journal of Applied Phycology,2014,26(5):2097-2107.

[35] 尤永赛. 涡流过滤器内固液两相流场及颗粒分离特性研究[D]. 北京:北京理工大学,2017.

[36] RIETEMA K. Performance and design of hydrocyclones:IV[J]. Chemical Engineering Science,1961,15(3/4):320-325.

[37] DIRGO J,LEITH D. Cyclone Collection Efficiency: Comparison of Experimental Results with Theoretical Predictions[J]. Aerosol Science and Technology,1985,4(4),401-415.

[38] HOFFMANN A C, DE GROOT M, PENG W, et al. Advantages and risks in increasing cyclone separator length[J]. AIChE Journal, 2001, 47(11):2452-2460.

[39] SAFIKHANI H, ZAMANI J, MUSA M. Numerical study of flow field in new design cyclone separators with one, two and three tangential inlets[J]. Advanced Powder Technology, 2018, 29(3):611-622.

[40] ZHANG T, LIU C J, GUO K, et al. Analysis of flow field in optimal cyclone separators with hexagonal structure using mathematical models and computational fluid dynamics simulation[J]. Industrial & Engineering Chemistry Research, 2016, 55(1):351-365.

[41] RAOUFI A, SHAMS M, KANANI H. CFD analysis of flow field in square cyclones[J]. Powder Technology, 2009, 191(3):349-357.

[42] ZHANG T, GUO K, LIU C J, et al. Experimental and numerical investigations of a dual-stage cyclone separator[J]. Chemical Engineering & Technology, 2018, 41(3):606-617.

[43] 刘燕,陈赫宇,周千淅,等.液固外循环流化床内喷嘴对流场影响的数值模拟[J].河北工业大学学报,2016,45(1):68-73.

[44] MAT N C, LOU Y C, LIPSCOMB G G. Hollow fiber membrane modules[J]. Current Opinion in Chemical Engineering, 2014, 4:18-24.

[45] 张婷,李传玺,郭凯,等.旋流强化中空纤维膜组件结构优化及壳程流动研究[J].化工学报,2018,69(11):4663-4674.

[46] 冯喜平,赵胜海,李进贤,等.不同湍流模型对旋涡流动的数值模拟[J].航空动力学报,2011,26(6):1209-1214.

[47] TARLETON E S, WAKEMAN R. Solid/liquid separation: equipment

selection and process design[M]. [S. l.]:Elsevier,2006.

[48] 张羽,张琦杰,张凌峰. 旋流排淤器进口流速场试验研究[J]. 人民珠江,2019,40(4):111-115.

[49] LI Y,LIU C J,ZHANG T,et al. Experimental and numerical study of a hydrocyclone with the modification of geometrical structure[J]. The Canadian Journal of Chemical Engineering,2018,96(12):2638-2649.

[50] 周莘沛. 陶瓷膜气固过滤性能的旋流强化试验与数值模拟研究[D]. 北京:中国石油大学(北京),2023.

[51] 张婷,安太成,李桂英. 一种离心撞击法生物气溶胶富集装置及其细胞暴露与应用:ZL2022106454178[P].

[52] PISSARIDOU P,CANTONATI M,BOUCHEZ A,et al. How can integrated morphotaxonomy- and metabarcoding-based diatom assemblage analyses best contribute to the ecological assessment of streams? [J]. Metabarcoding and Metagenomics,2021,5:e68438.

[53] 朱冰清,操庆,蒋林惠,等. 基于微生物指标的水生态系统健康监测及评价研究进展[J]. 环境科技,2023,36(1):73-76.

[54] 陈卓,崔琦,曹可凡,等. 污水再生利用微生物控制标准及其制定方法探讨[J]. 环境科学,2021,42(5):2558-2564.

[55] 王晓宇. 复杂背景的小环藻图像识别的研究与实现[D]. 广州:广东工业大学,2018.

[56] 李长玲,陈健冰,黄翔鹄. 中心硅藻梅尼小环藻淡水株和海水株亚显微结构的形态学差异简[J]. 海洋科学,2017,41(8):6.

[57] 陈健冰. 三种小环藻的亚显微结构及基因条形码的应用研究[D]. 湛江:广东海洋大学,2015.

[58] 崔妍,李美芽,施春雷,等.原壳小球藻生物量快速测定方法的对比研究[J].食品科学,2012,33(2):253-257.

[59] 石惠娴,王勤辉,骆仲泱,等.PIV应用于气固多相流动的研究现状[J].动力工程,2002,22(1):1589-1593.

[60] 刘慧芳,周鹜,蔡小舒,等.基于光场成像的三维粒子追踪测速技术[J].光学学报,2020,40(1):0111014.

[61] 唐湛棋,姜楠.圆柱尾迹影响旁路转捩末期发卡涡涡包的研究[J].力学学报,2011,43(6):1037-1042.

[62] 郭爱东,姜楠,贾永霞.湍流涡黏性模型方程中相位差的测量[J].实验流体力学,2011,25(4):1-8.

[63] 罗杰,马昊军,王国林,等.激光诱导荧光技术在高焓空气氮原子测量中的应用[J].光谱学与光谱分析,2021,41(7):2135.

[64] 王红球,蒋硕.用于探测生物芯片的制冷型ICCD系统[J].应用光学,2008,29(3):339.

[65] 王晓峰,刘扬,徐德坤,等.ICCD相机建模与仿真分析[J].红外与激光工程,2003,32(6):560.

[66] 刘扬,徐德坤,王晓峰.ICCD相机遥感模型与仿真[J].航天返回与遥感,2003,24(1):48-51.

[67] WILLIS A P,BARENGHI C F. Hydromagnetic Taylor-couette flow: wavy modes[J]. Journal of Fluid Mechanics,2002,472:399-410.

[68] 叶强.Taylor-Couette涡流场数值模拟及实验研究[D].兰州:兰州交通大学,2018.

[69] 刘洋.旋流-过滤耦合分离器的流场特性及油水分离机理研究[D].大庆:东北石油大学,2022.

[70] 车中俊. 油水两相磁旋耦合强化分离技术研究[D]. 大庆:东北石油大学,2022.

[71] 陈德海. 气携式液-液水力旋流器分离机理及试验研究[D]. 大庆:东北石油大学,2011.

[72] WRONSKI T, SCHÖNNENBECK C, ZOUAOUI-MAHZOUL N, et al. Numerical simulation through Fluent of a cold, confined and swirling airflow in a combustion chamber[J]. European Journal of Mechanics - B/Fluids, 2022, 96: 173-187.

[73] 李选平. 超临界液化天然气在螺旋管内流动换热特性仿真研究[D]. 哈尔滨:哈尔滨工业大学,2022.

[74] 隋元伟,贾广如,许高洁,等. 水力旋流器研究现状及其在煤化工废水处理中的应用前景[J]. 过程工程学报,2019,19(2):235-245.

[75] ZHANG T, FENG A, LIU C. Dynamic modelling of microalgae growth under micro-aeration conditions [J]. Chemical Engineering Transactions, 2021, 88: 769-774.

[76] SALGADO E M, ESTEVES A F, GONÇALVES A L, et al. Microalgal cultures for the remediation of wastewaters with different nitrogen to phosphorus ratios: Process modelling using artificial neural networks [J]. Environmental Research, 2023, 231: 116076.

[77] FENG A G, ZHANG T, ZHU Q G, et al. Development of a novel airlift photobioreactor: modeling, particle image velocimetry measurements, and cultures[J]. Chemical Engineering & Technology, 2022, 45(11): 2103-2111.

[78] 黄青山,蒋夫花,王连洲,等. 大规模培养光合生物的光生物反应器设

计[J]. Engineering,2017,3(3):88-113.

[79] KHOO C G,LAM M K,LEE K T. Pilot-scale semi-continuous cultivation of microalgae Chlorella vulgaris in bubble column photobioreactor (BC-PBR):Hydrodynamics and gas-liquid mass transfer study[J]. Algal Research,2016,15:65-76.

[80] SURIASNI P A,FAIZAL F,PANATARANI C,et al. A review of bubble aeration in biofilter to reduce total ammonia nitrogen of recirculating aquaculture system[J]. Water,2023,15(4):808.

[81] 袁竹林,朱立平,耿凡,等. 气固两相流动与数值模拟[M]. 南京:东南大学出版社,2013.

[82] 王敬富,陈敬安,陈权等. 深水水库磷的生物地球化学循环[J]. 第四纪研究,2021,41(4):1192-1205.

[83] 周怀东,廖文根,彭文启. 水环境研究的回顾与展望[J]. 中国水利水电科学研究院学报,2008,6(3):215-223.

[84] 刘林,王昕璐,赵海平,等. 天然酚类化合物对呕吐毒素诱导毒性损伤保护作用的研究进展[J]. 食品安全质量检测学报,2023,14(13):211-220.

[85] 肖鹏,周成旭. 海洋微藻的生态化学计量学与微藻增养殖氮磷化学计量条件的应用与研究进展[J]. 生态科学,2023,42(4):248-257.

[86] 宋伦,吴景,宋广军,等. 基于环境 DNA 技术的辽东湾真核微藻群落结构特征[J]. 生态学报,2020,40(17):6243-6257.

[87] STOCKENREITER M,HAUPT F,GRABER A K,et al. Functional group richness:implications of biodiversity for light use and lipid yield in microalgae[J]. Journal of Phycology,2013,49(5):838-847.

[88] 于明,刘全儒,郭雪菲,等.东江流域藻类图谱[M].北京:科学出版社,2017.

[89] 李波.流速对南水北调中线干渠浮游植物群落演替与生长的影响[D].大连:大连海洋大学,2022.

[90] 吕冰心,徐青艳,常蓉,等.关键环境因子对螺旋藻营养元素生物积累及有机化程度的影响[J].食品工业科技,2018,39(18):70-76.

[91] 潘禹,王华生,刘祖文,等.微藻废水生物处理技术研究进展[J].应用生态学报,2019,30(7):2490-2500.

[92] ELRAYIES G M. Microalgae: Prospects for greener future buildings [J]. Renewable and Sustainable Energy Reviews,2018,81:1175-1191.

[93] 豆荆辉,夏瑞,张凯,等.非参数模型在河湖富营养化研究领域应用进展[J].环境科学研究,2021,34(8):1928-1940.

[94] FENG A G,ZHANG T,LI Y T,et al. A study on the designs of baffles-enhanced gas transfer inside Chlorella vulgaris airlift photobioreactors and flow visualisation modelling[J]. Separation and Purification Technology,2024,336:126116.

[95] LIN L F,YI X Z,LIU H Y,et al. The airway microbiome mediates the interaction between environmental exposure and respiratory health in humans[J]. Nature Medicine,2023,29(7):1750-1759.

[96] DEHGHANI M,SOROOSHIAN A,NAZMARA S,et al. Concentration and type of bioaerosols before and after conventional disinfection and sterilization procedures inside hospital operating rooms[J]. Ecotoxicology and Environmental Safety,2018,164:277-282.

[97] ZHANG T,ZHANG D Q,LYU Z H,et al. Effects of extreme precipi-

tation on bacterial communities and bioaerosol composition: Dispersion in urban outdoor environments and health risks[J]. Environmental Pollution, 2024, 344: 123406.

[98] BROCHU P, BOUCHARD M, HADDAD S. Physiological daily inhalation rates for health risk assessment in overweight/obese children, adults, and elderly[J]. Risk Analysis, 2014, 34(3): 567-582.

[99] PRICE P S. The hazard index at thirty-seven: new science new insights [J]. Current Opinion in Toxicology, 2023, 34: 100388.

[100] CAVICCHIOLI R, RIPPLE W J, TIMMIS K N, et al. Scientists' warning to humanity: microorganisms and climate change[J]. Nature Reviews Microbiology, 2019, 17(9): 569-586.

[101] HAVE K E,张康生. 一个遭受人为富营养化的亚热带大湖的快速生态变化[J]. 人类环境杂志, 1996, 25(3): 150-155.

[102] 韩力慧,肖茜,杨雪梅,等. 北京市大气降水理化特性的演变及其重要的环境效应[J]. 环境科学, 2023, 1-18.

[103] JOUNG Y S, BUIE C R. Aerosol generation by raindrop impact on soil[J]. Nature Communications, 2015, 6: 6083.

[104] JOUNG Y S, GE Z F, BUIE C R. Bioaerosol generation by raindrops on soil[J]. Nature Communications, 2017, 8: 14668.

[105] 张婷,何林,张丁强,一种旋流管式微藻分选装置: CN2024208977979 [P].

[106] ZHANG T, ZHANG D Q, MKANDAWIRE V, et al. Quantitative modelling reservoir microalgae proliferation in response to water-soluble anions and cations influx[J]. Bioresource Technology, 2024,

397:130451.

[107] SUTHERLAND J W, TURCOTTE R J, MOLDEN E, et al. The detection of airborne anatoxin-a (ATX) on glass fiber filters during a harmful algal bloom[J]. Lake and Reservior Management, 2021, 37: 113-119.

[108] 张文. 不同环境因子对有害赤潮生物链状裸甲藻的生长和产毒的影响[D]. 广州:暨南大学, 2009.

[109] ZHAO Z Y, ZHAO Y F, ZHUANG X Y, et al. Frequent pauses in Escherichia coli flagella elongation revealed by single cell real-time fluorescence imaging[J]. Nature Communications, 2018, 9(1):1885.

[110] 宣淮翔, 安树青, 孙庆业, 等. 太湖不同湖区水生真菌多样性[J]. 湖泊科学, 2011, 23(3):469-478.

[111] 黄祎. 亚热带城市湖泊浮游真菌群落结构及构建机制:以南昌市为例[D]. 南昌:江西师范大学, 2023.

[112] 陶玉林, 邵帅, 李茂生, 等. 长江口及其毗邻海域真菌群落时空特征[J]. 海洋与湖沼, 2024, 55(4):905-915.

[113] 贾海超, 王丹丹, 黄跃飞, 等. 柴达木盆地河流与湖泊水体微生物群落结构及共现网络模式差异[J]. 微生物学报, 2024, 64(12):4918-4935.